高等职业教育土木建筑类系列规划教材

建筑制图与识图习题集

第三版

主　编　肖明和

主　审　夏文杰　李静文　张培明　郭玉霞

大连理工大学出版社

图书在版编目(CIP)数据

建筑制图与识图习题集 / 肖明和主编. -- 3 版. -- 大连 ：大连理工大学出版社，2024.9

ISBN 978-7-5685-4866-3

Ⅰ. ①建… Ⅱ. ①肖… Ⅲ. ①建筑制图—识图—高等职业教育—习题集 Ⅳ. ①TU204.21-44

中国国家版本馆 CIP 数据核字(2024)第 010292 号

大连理工大学出版社出版

地址:大连市软件园路 80 号　邮政编码:116023

发行:0411-84708842　邮购:0411-84708943　传真:0411-84701466

E-mail:dutp@dutp.cn　URL:https://www.dutp.cn

大连市东晟印刷有限公司印刷　　大连理工大学出版社发行

幅面尺寸:370mm×260mm　印张:14.5　字数:144 千字

2013 年 8 月第 1 版　2024 年 9 月第 3 版

2024 年 9 月第 1 次印刷

责任编辑:康云霞　责任校对:吴媛媛

封面设计:张　莹

ISBN 978-7-5685-4866-3　定　价:42.80 元

前　　言

《建筑制图与识图习题集》(第三版)与“十四五”职业教育国家规划教材《建筑制图与识图》(第三版)配套使用。

本习题集根据高职院校土建类专业“建筑制图与识图”课程教学的基本要求，结合高职教学改革的实践经验，为适应高职教育的需要编写而成。为了便于使用，本习题集的编排顺序和内容与《建筑制图与识图》(第三版)一致。

本习题集按照项目引领、任务驱动的思路进行编写，体现了行业导向的新理念。全书内容共分两篇，分别为投影基础和专业施工图。

本习题集在编写过程中主要突出了以下特点：

1.以应用为目的，以必需、够用为原则，坚持以培养能力为本位，重视实践能力的培养，强调适用性和应用性。

2.文字精练，语言通俗易懂，图例实用，有利于提高学生的识图能力。

3.密切结合工程实际，专业图例全部来源于工程实际。在第二篇中，每个项目均以一张完整的工程施工图为主线进行编写，便于学生理论联系实际，有利于提高学生识读整套施工图的能力。

4.采用现行标准和图集，如《房屋建筑制图统一标准》(GB/T 50001—2017)、《建筑制图标准》(GB/T 50104—2010)、《建筑结构制图标准》(GB/T 50105—2010)、《混凝土结构施工图平面整体表示方法制图规则和构造详图》(16G101－1、16G101－2、16G101－3)等，充分体现了教材的先进性。

本习题集由济南工程职业技术学院肖明和任主编，济南工程职业技术学院夏文杰、李静文、张培明、郭玉霞任副主编，济南工程职业技术学院王飞、齐高林及保利山东置业集团有限公司张志涛参与了部分内容的编写。

在编写本习题集的过程中，我们参考了国内外相关的资料，在此对相关作者表示深深的谢意！请相关著作权人看到本习题集后与出版社联系，出版社将按照相关法律的规定支付稿酬。

由于编者水平有限，本习题集中仍可能存在不足，恳请广大读者在使用时多提贵宝意见。

编　者

2024 年 8 月

所有意见和建议请发往：dutpgz@163.com
欢迎访问职教数字化服务平台：https://www.dutp.cn/sve/
联系电话：0411-84708979　84707424

目　　录

第一篇　投影基础

第二篇　专业施工图

第一篇　投影基础

任务1　绘制与识读基本平面体的三面投影图	班级　　　姓名　　　学号　　　审核	1

1. 根据形体的立体图，绘制其三面投影图，并标注其表面上点和线的投影（投影方向自行确定）。

(1)

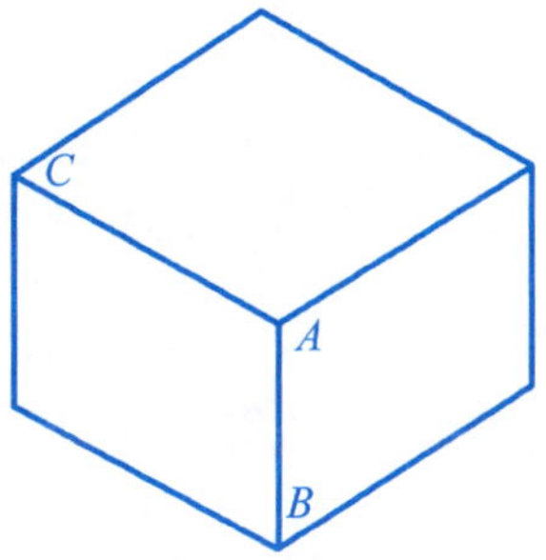

(2)

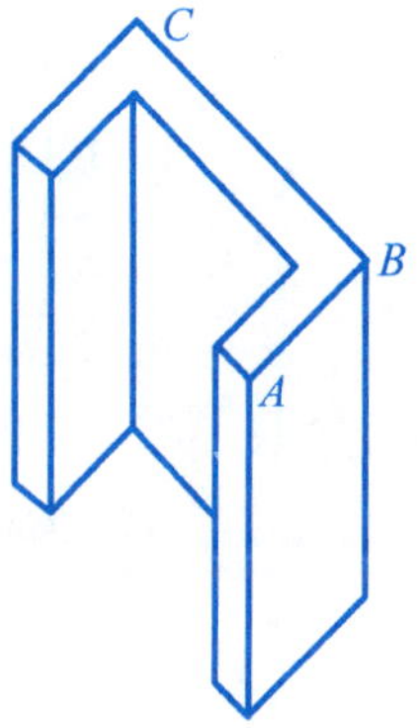

(3)

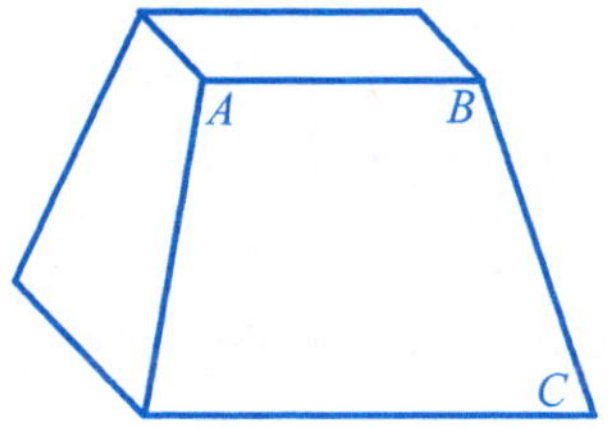

(4)

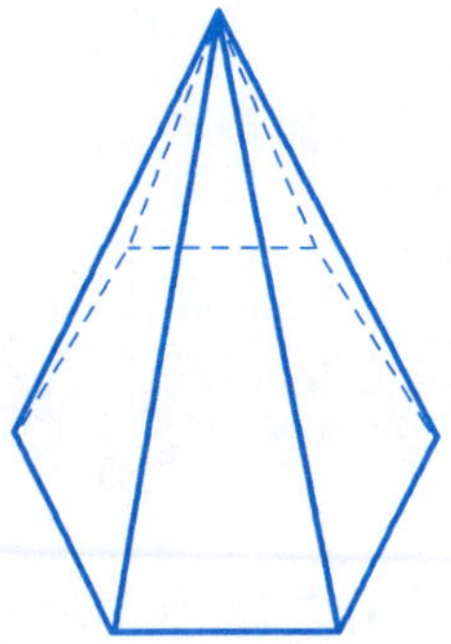

(5)

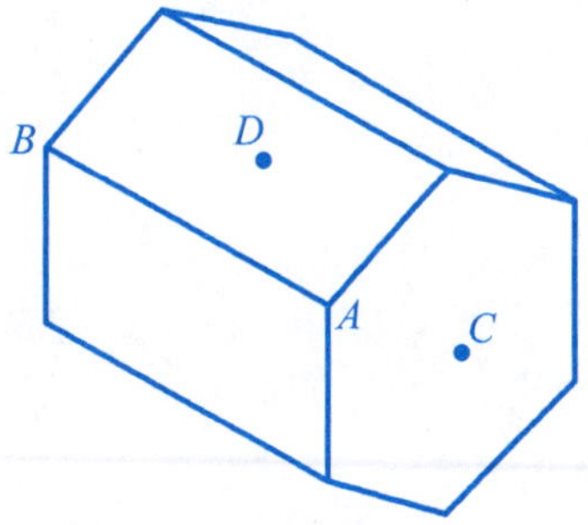

(6)

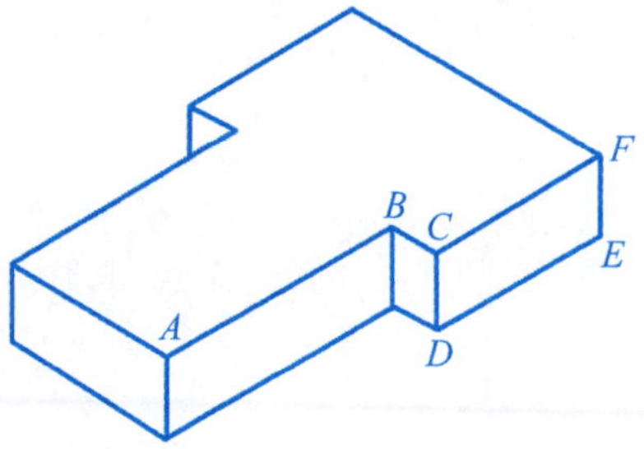

任务1　绘制与识读基本平面体的三面投影图	班级　　姓名　　学号　　审核	

2. 根据形体的两面投影，补画其第三面投影(尺寸从图中直接量取)。

(1)

(2)

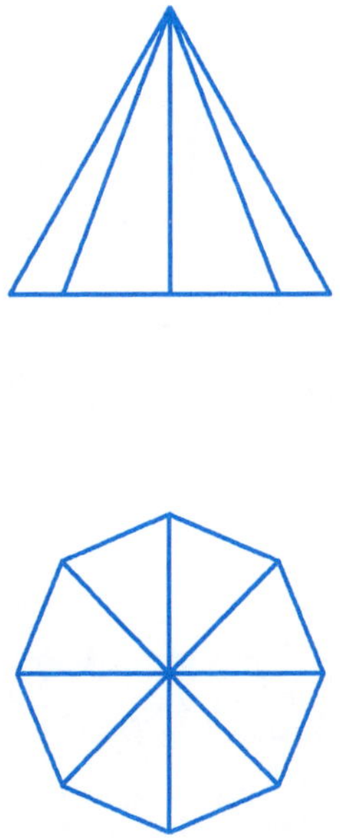

(3)

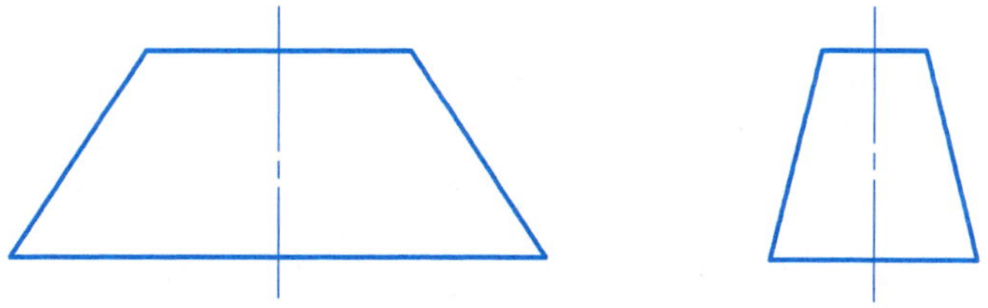

(4)

(5)

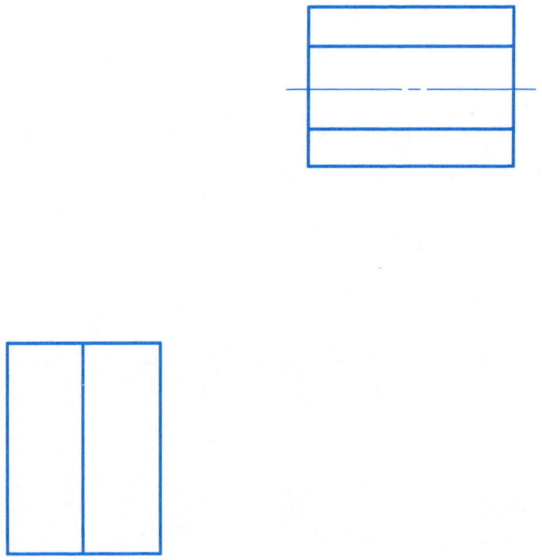

(6)

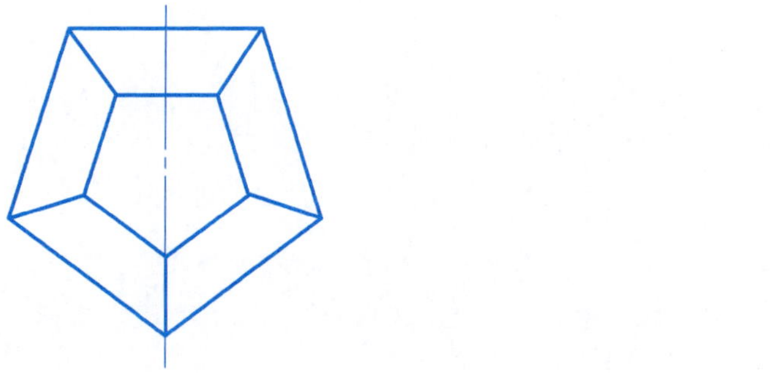

任务2　绘制与识读基本曲面体的三面投影图	班级　　姓名　　学号　　审核	3

1. 根据形体的立体图，绘制其三面投影图，并标注其表面上点和线的投影（投影方向自行确定）。

(1)

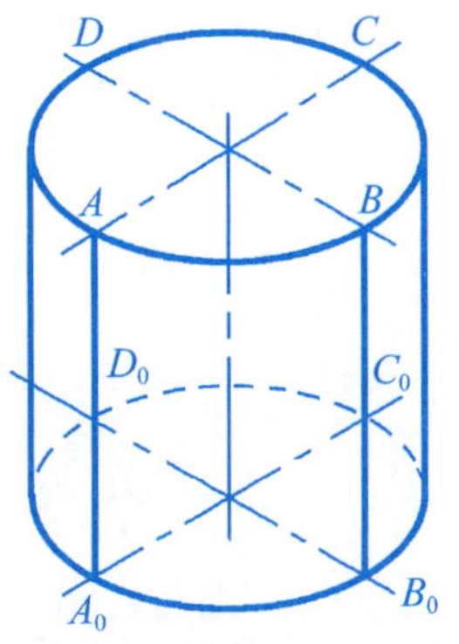

(2)

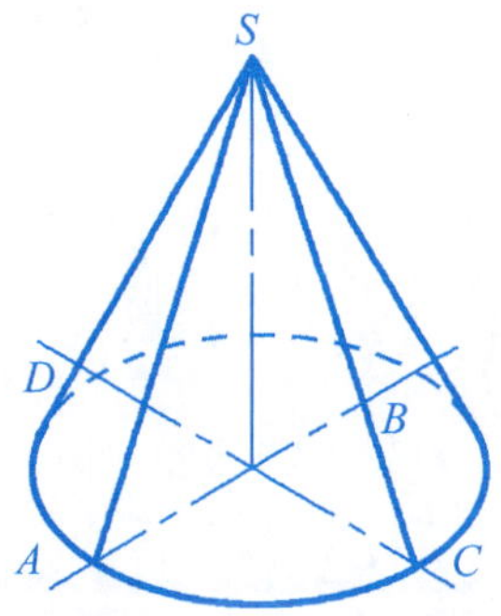

(3)

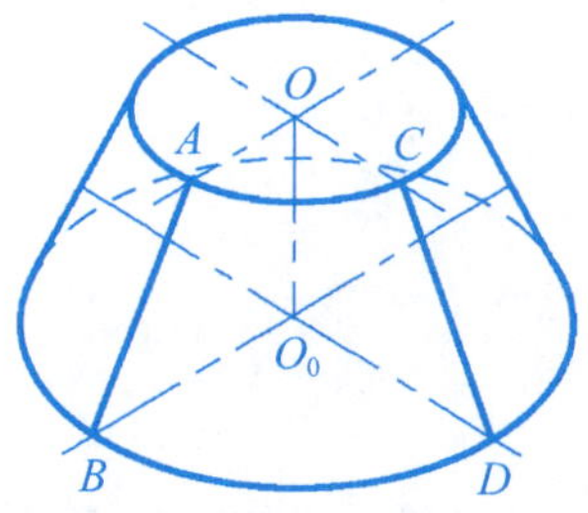

2. 根据形体的两面投影，补画其第三面投影（尺寸从图中直接量取）。

(1)

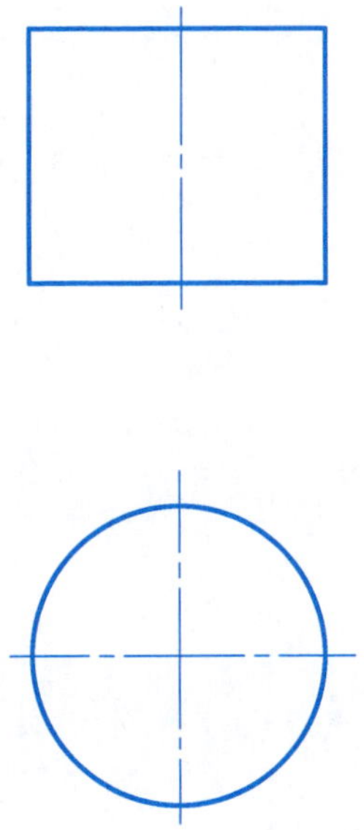

(2)

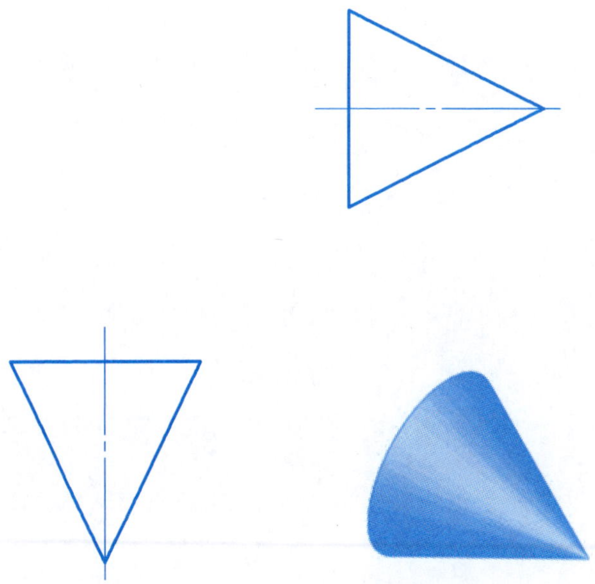

(3)

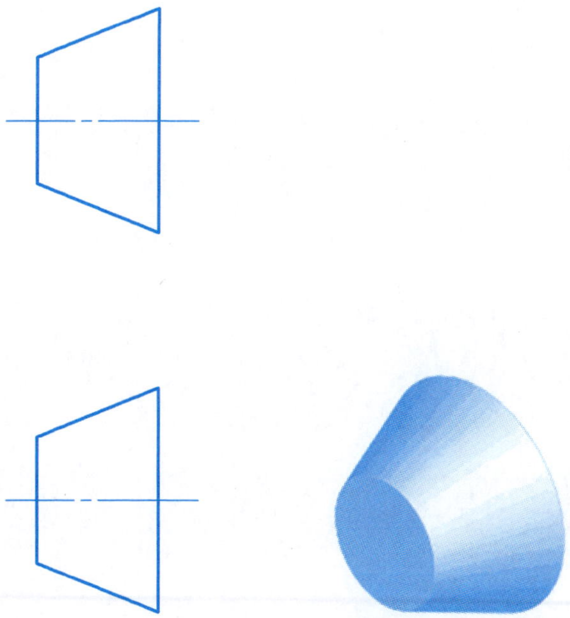

任务3　绘制基本形体的轴测图	班级	姓名	学号	审核	4

1. 根据基本平面体的三面投影图，绘制其轴测图（种类自行确定）。

(1)

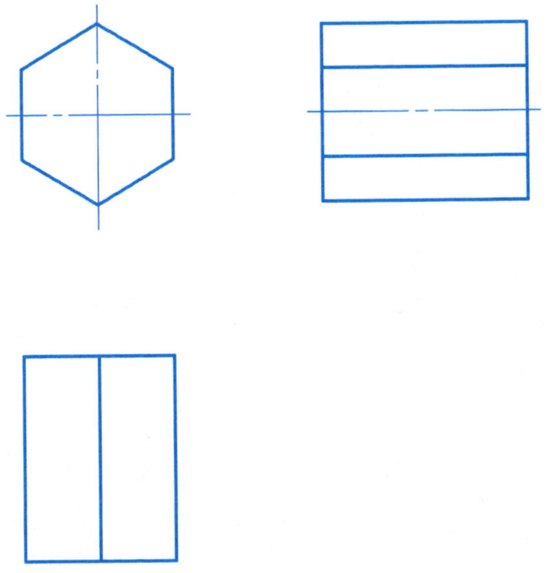

(2)

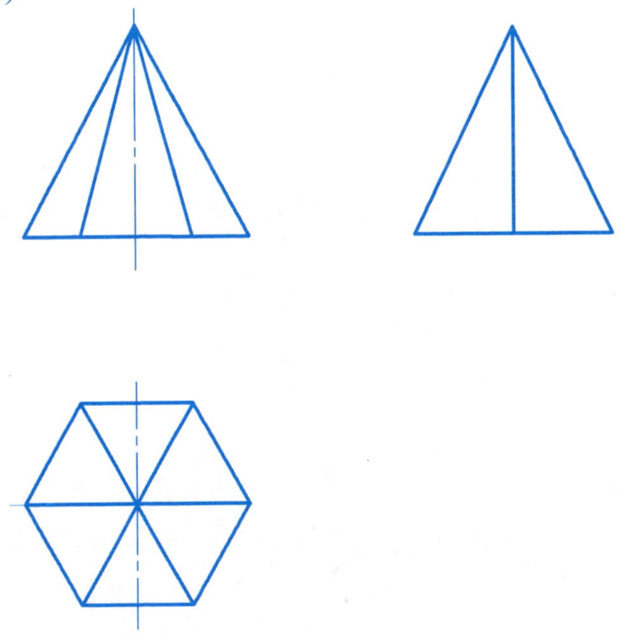

(3)

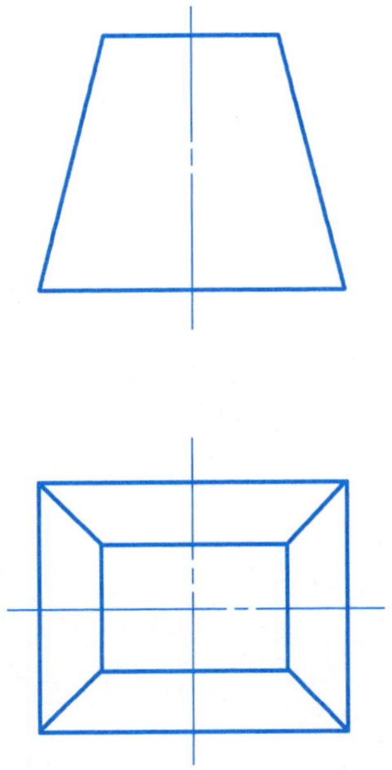

2. 根据基本曲面体的三面投影图，绘制其轴测图（种类自行确定）。

(1)

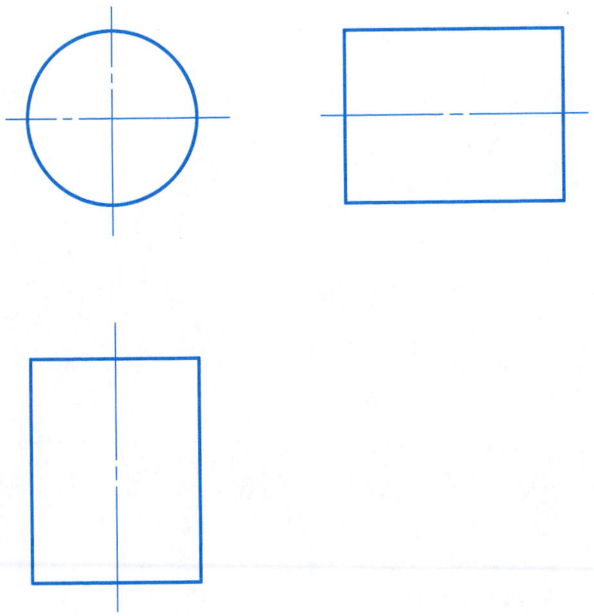

(2)

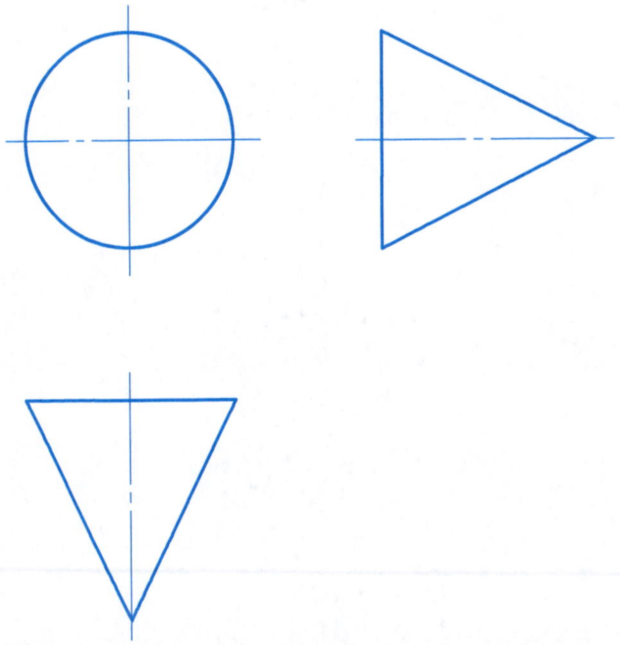

(3)

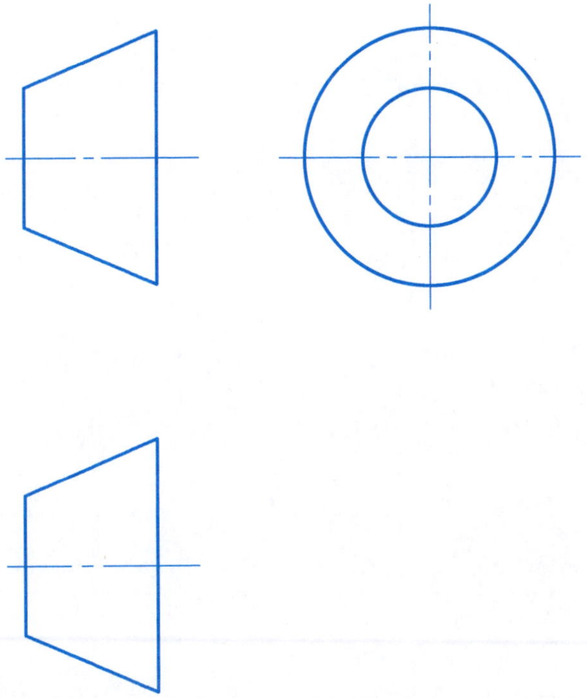

任务4　绘制与识读叠加型组合体的三面投影图	班级　　姓名　　学号　　审核	5

1. 根据组合体的立体图，绘制其三面投影图(投影方向自行确定)。

(1)

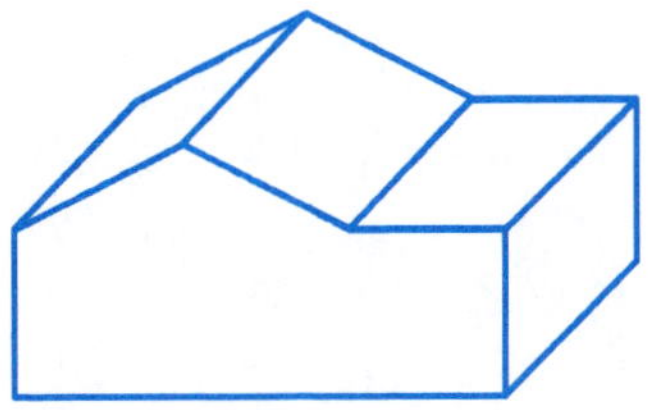

(2)

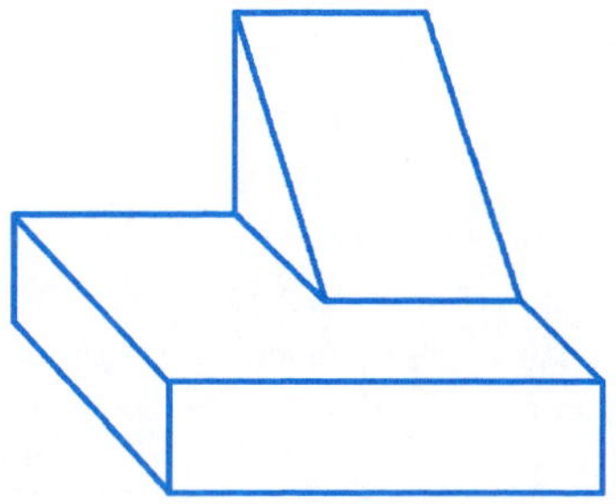

(3)

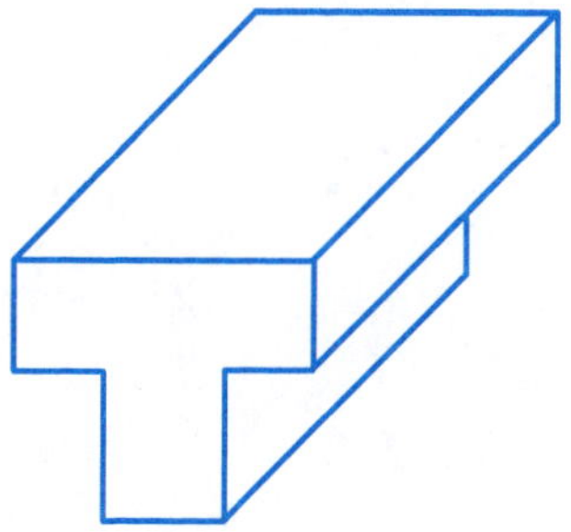

(4)

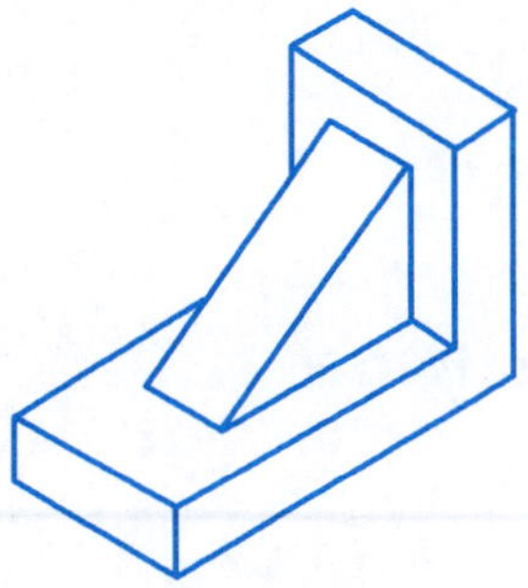

(5)

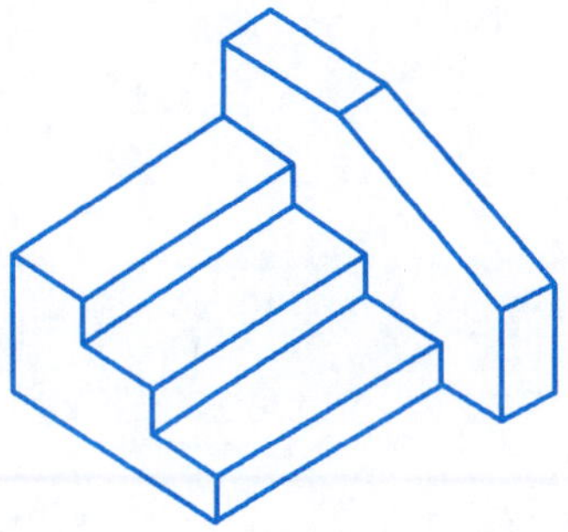

(6)

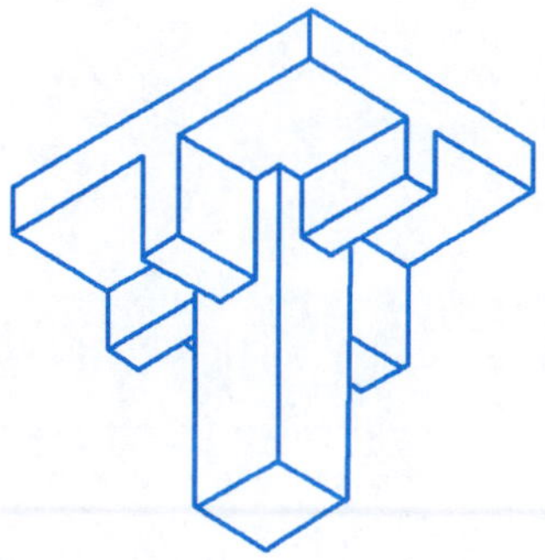

任务 4　绘制与识读叠加型组合体的三面投影图	班级　　　姓名　　　学号　　　审核	6

2. 根据形体的两面投影，补画其第三面投影（尺寸从图中直接量取）。

(1)

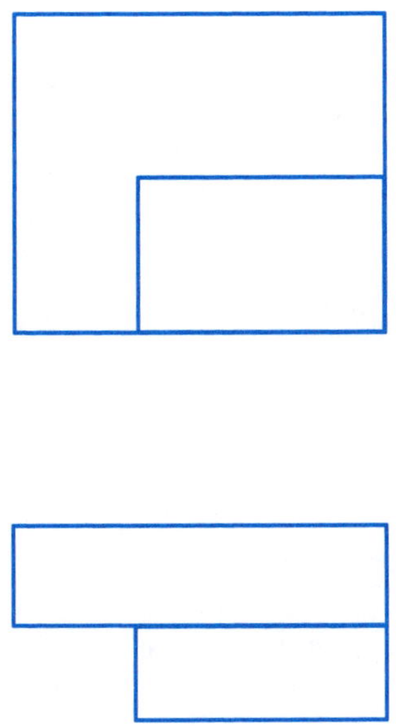

(2)

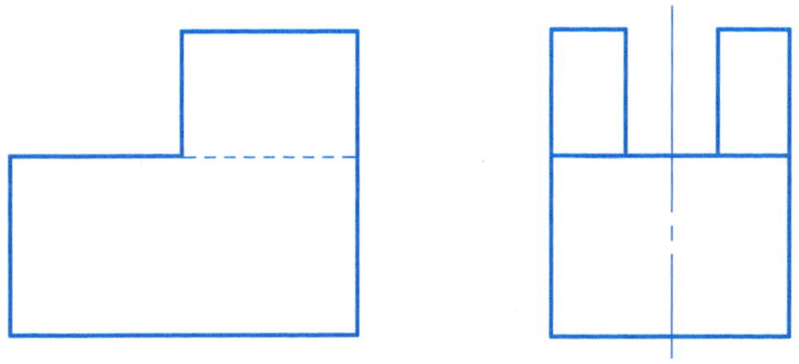

(3)

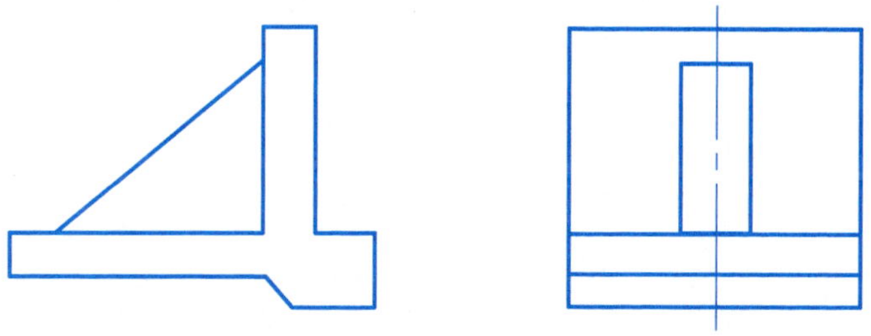

(4)

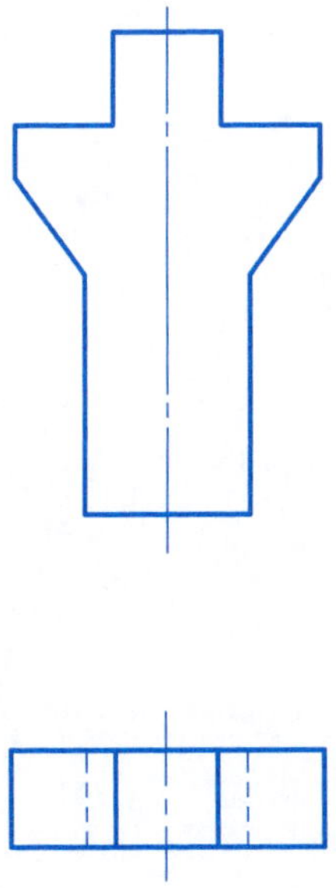

(5)

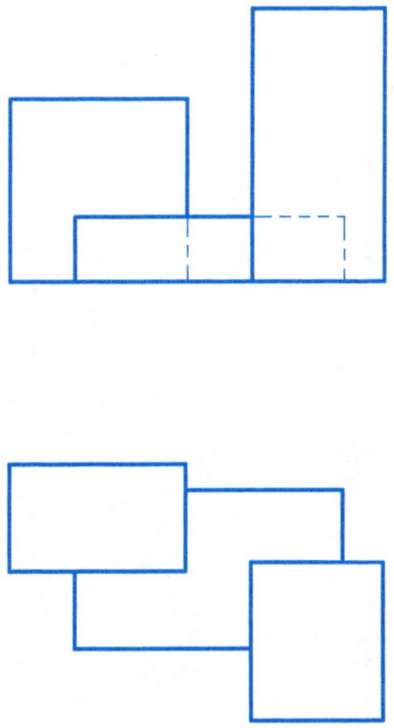

(6)

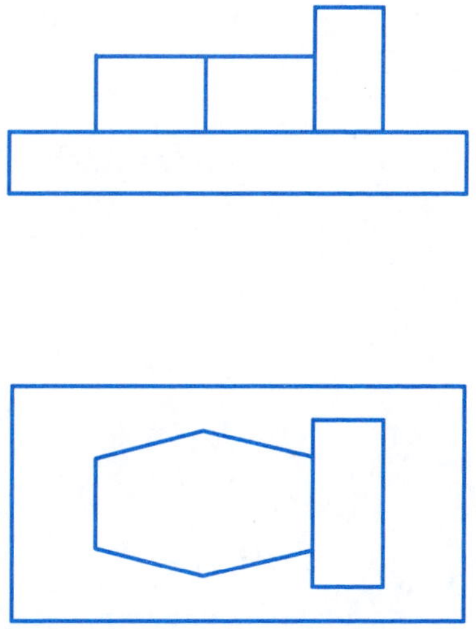

1. 根据组合体的立体图，绘制其三面投影图(投影方向自行确定)。

(1)

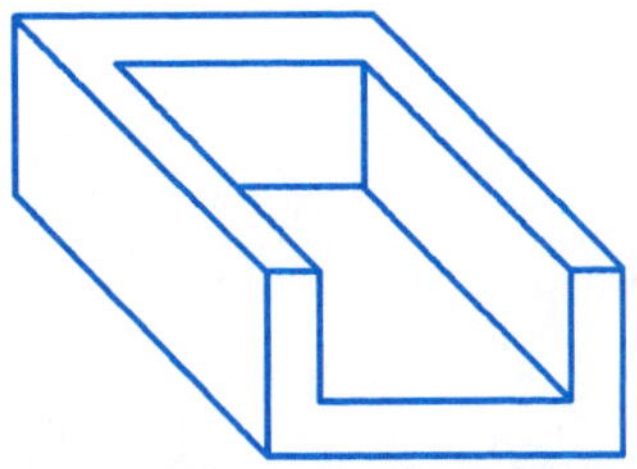

(2)

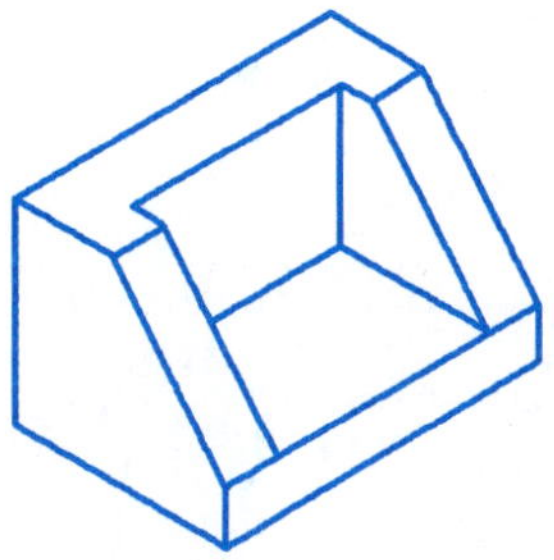

(3)

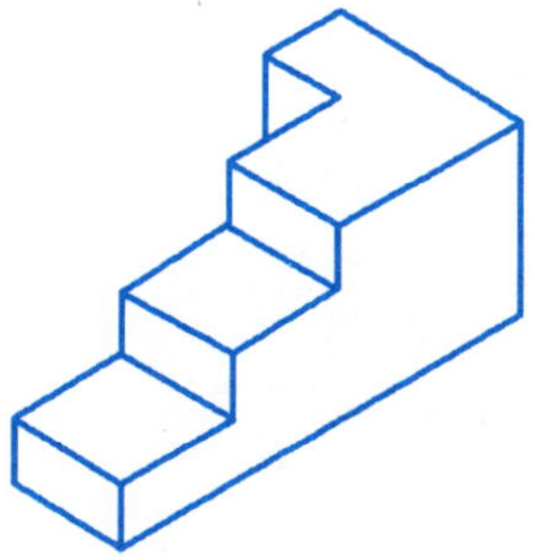

(4)

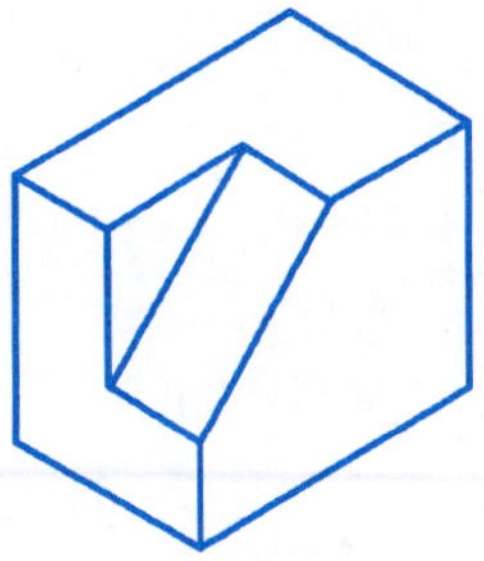

(5)

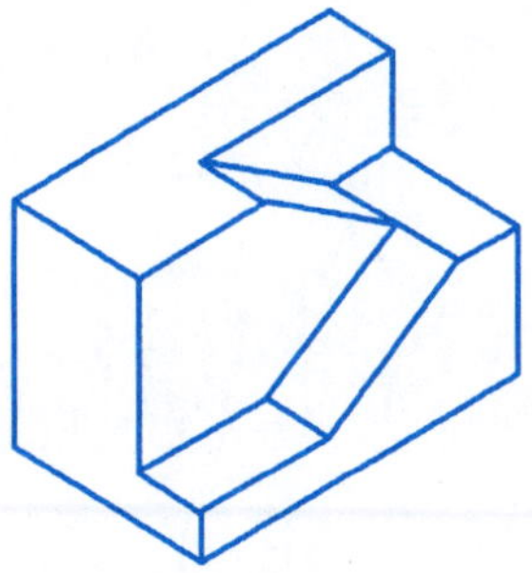

(6)

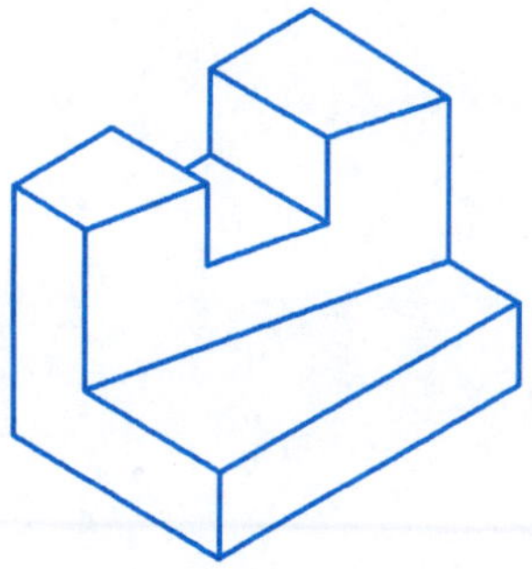

(7)

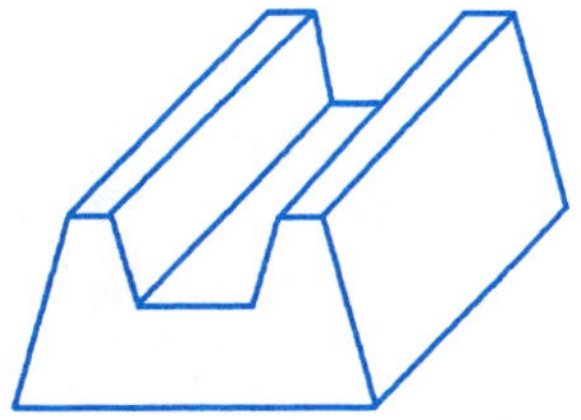

(8)

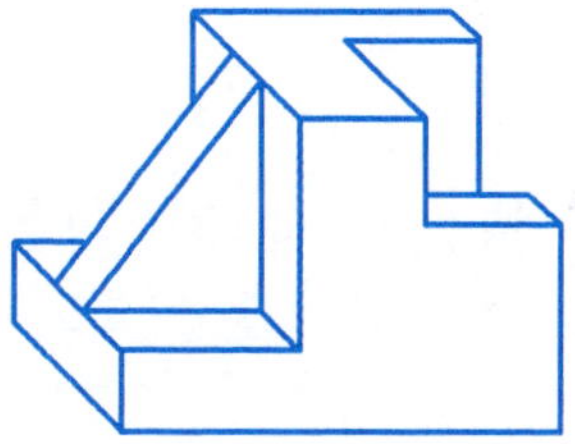

(9)

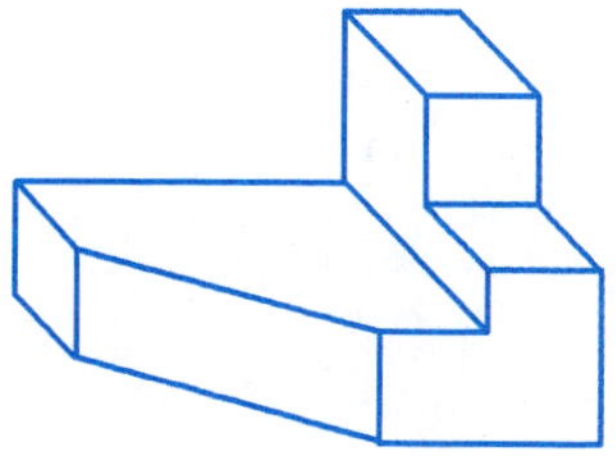

2.根据形体的两面投影，补画其第三面投影(尺寸由图上直接量取)。

(1)

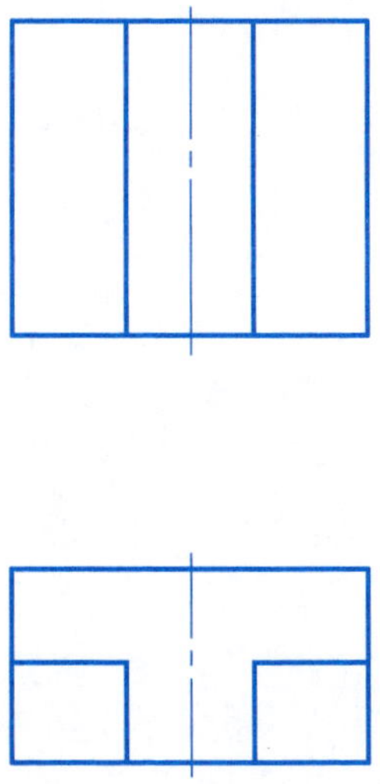

(2)

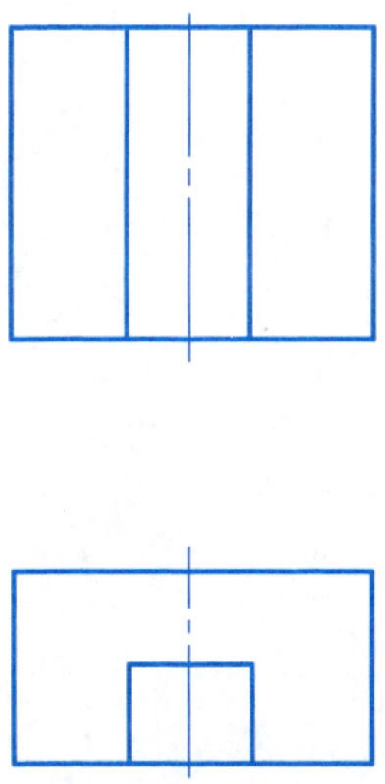

(3)

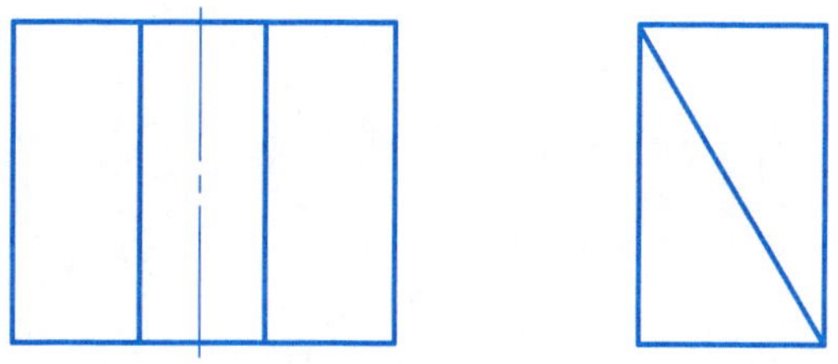

任务5 绘制与识读切割型组合体的三面投影图

班级　　　姓名　　　学号　　　审核

(4)

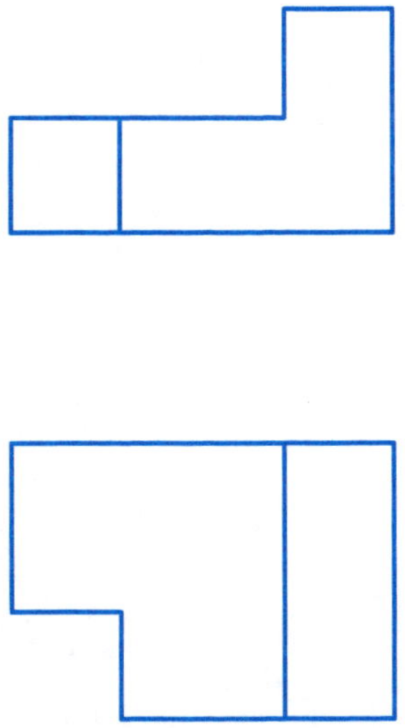

(5)

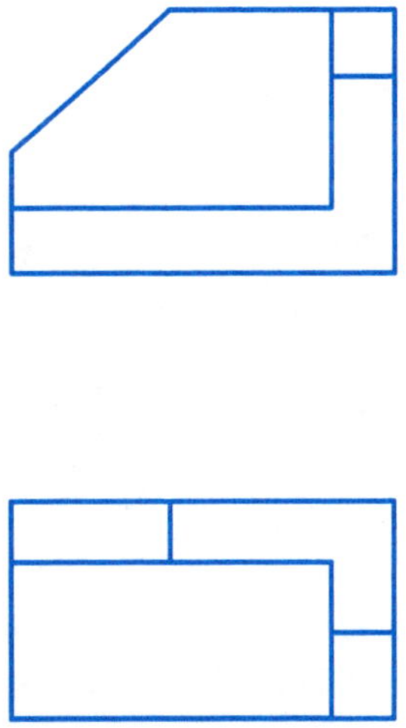

(6)

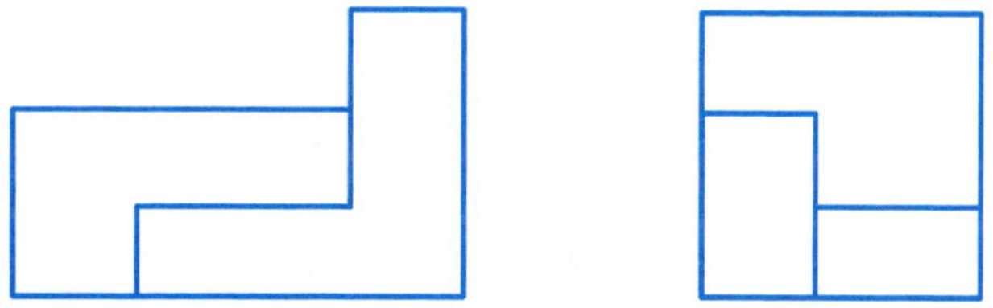

(7)

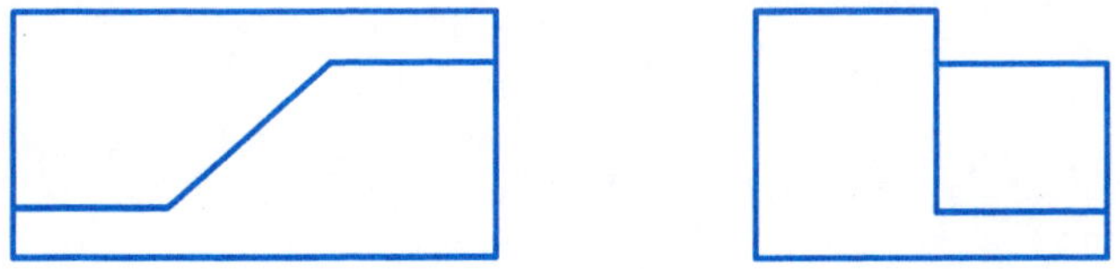

(8)

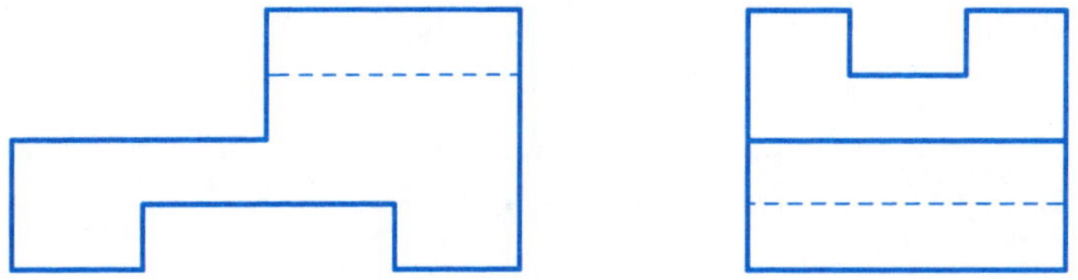

(9)

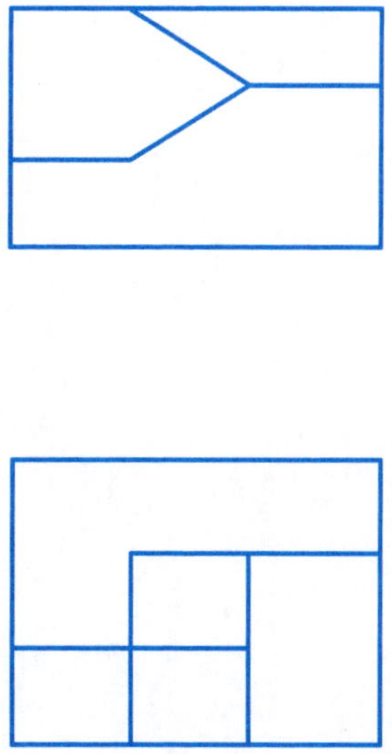

(10)

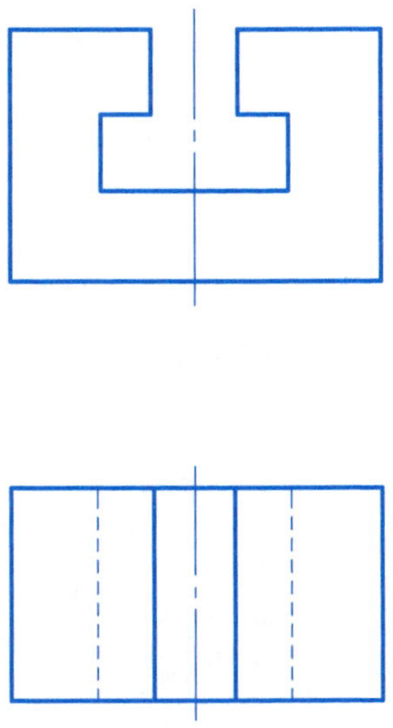

(11)

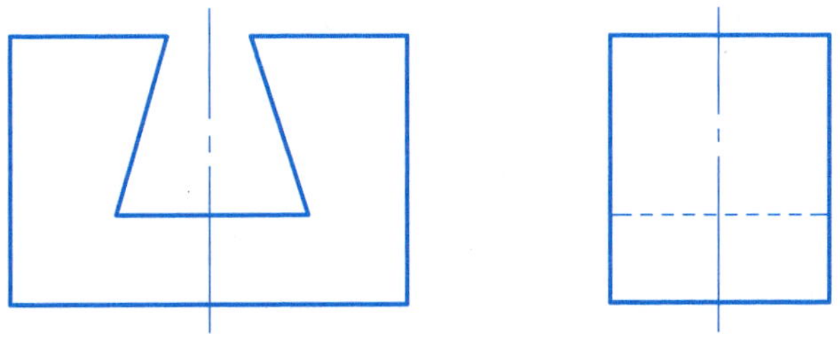

(12)

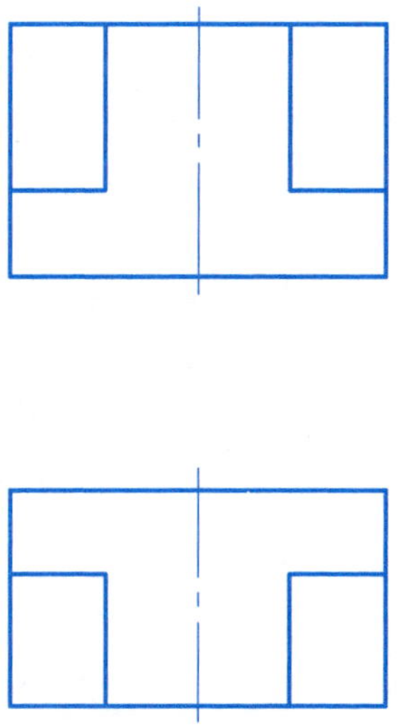

(13)

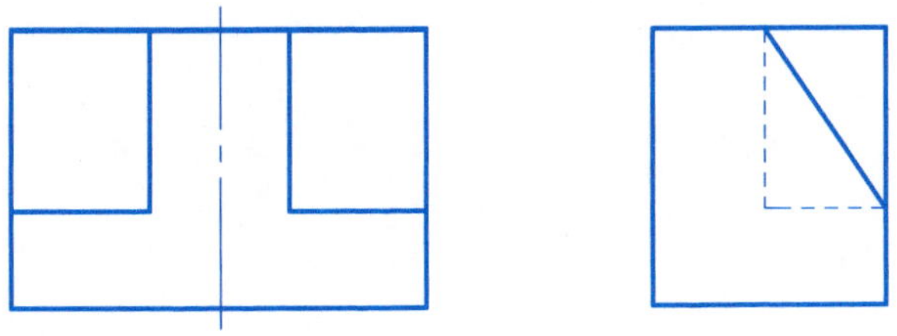

(14)

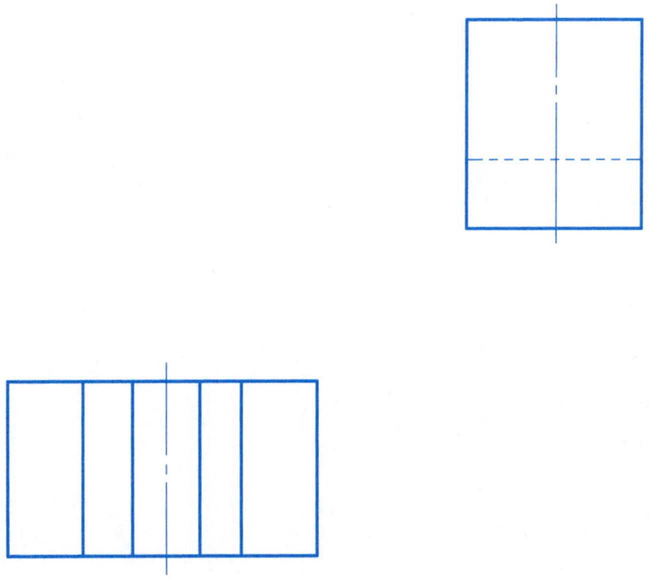

(15)

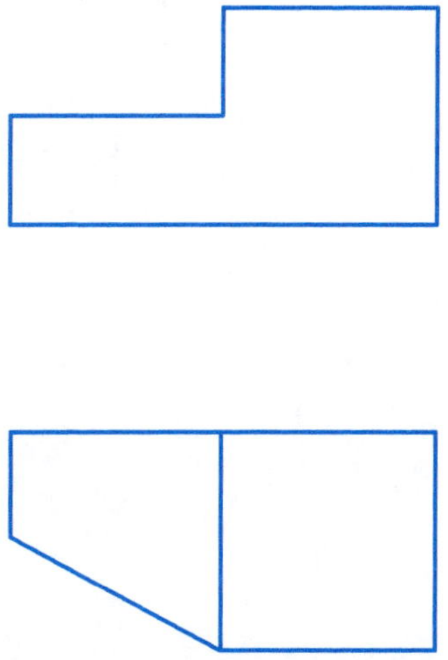

任务6　绘制与识读综合型组合体的三面投影图

班级　　　姓名　　　学号　　　审核

1. 根据组合体的立体图，绘制其三面投影图（投影方向自行确定）。

(1)

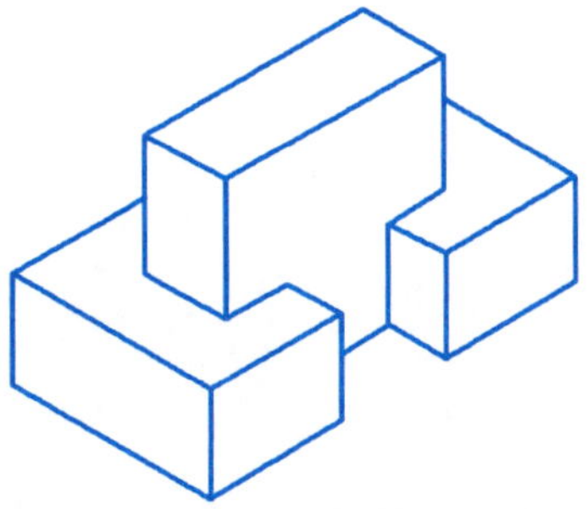

(2)

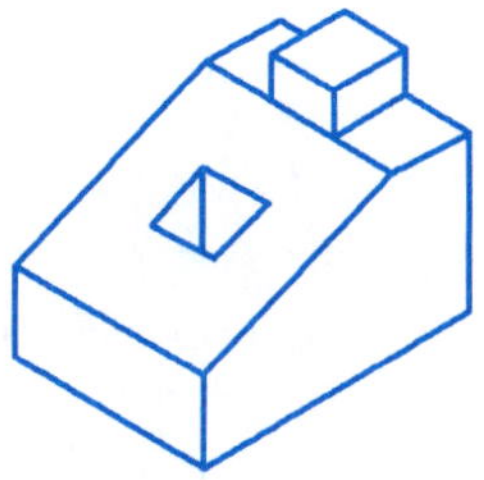

(3)

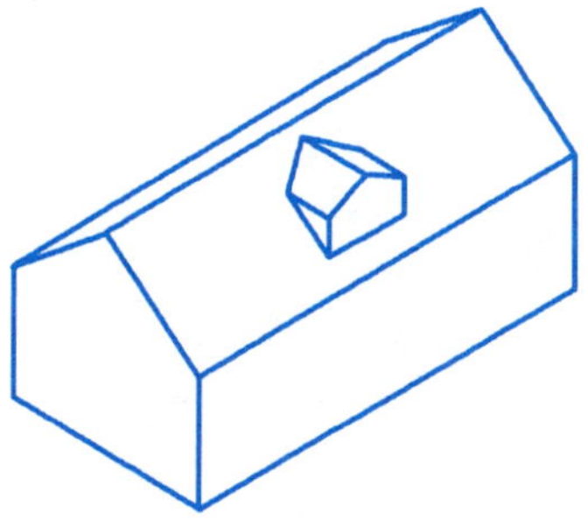

(4)

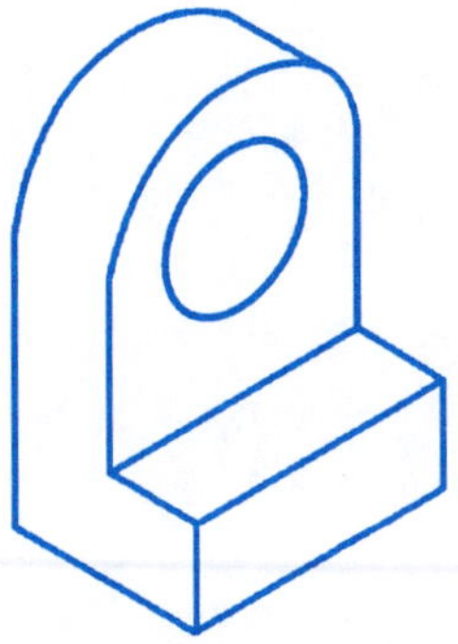

(5)

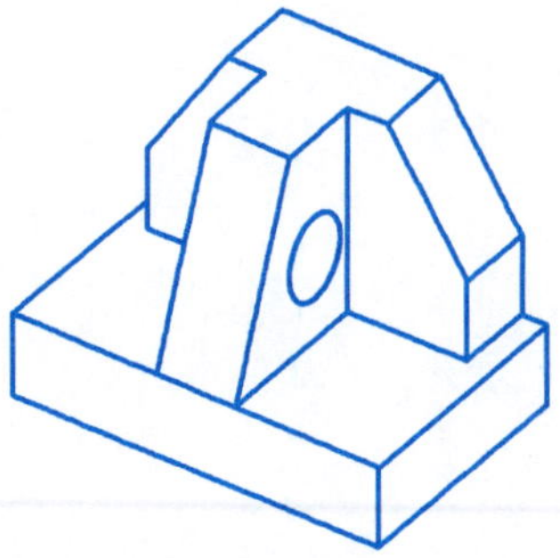

(6)

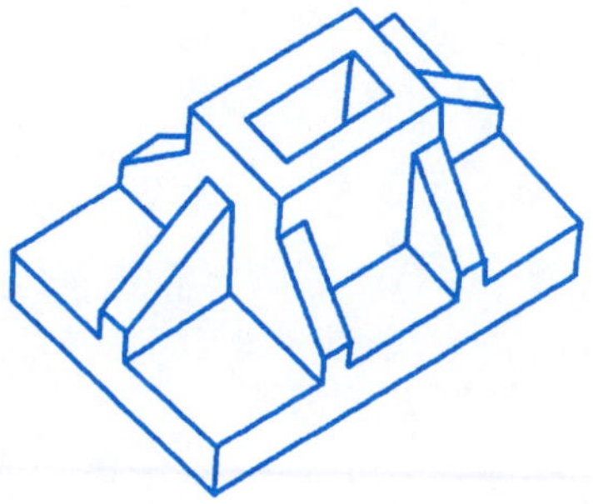

(7)

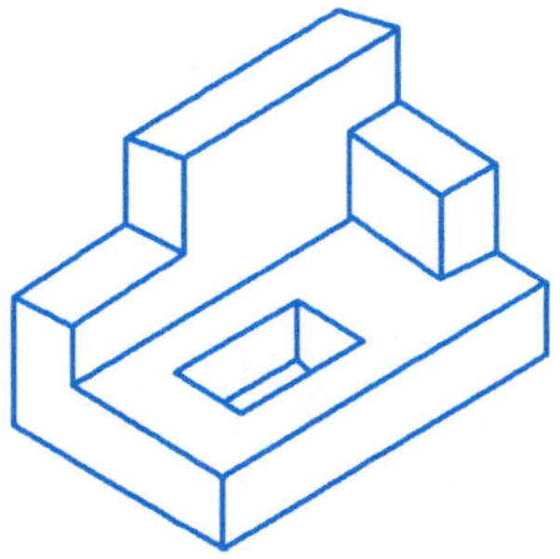

(8)

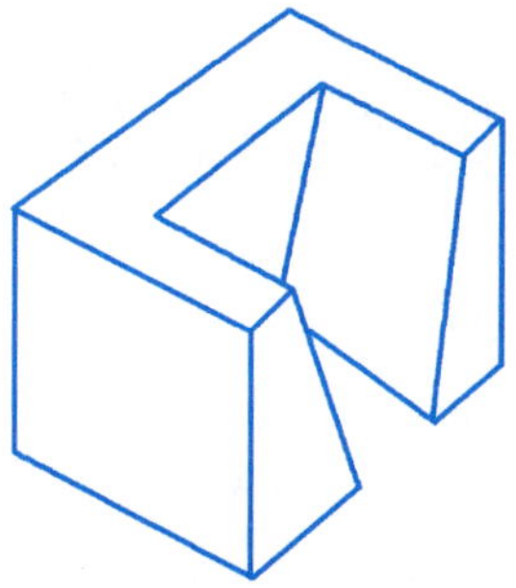

(9)

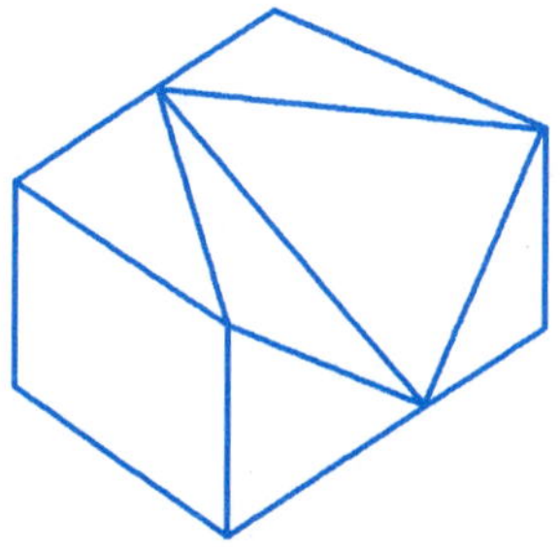

2. 根据形体的两面投影，补画其第三面投影（尺寸由图上直接量取）。

(1)

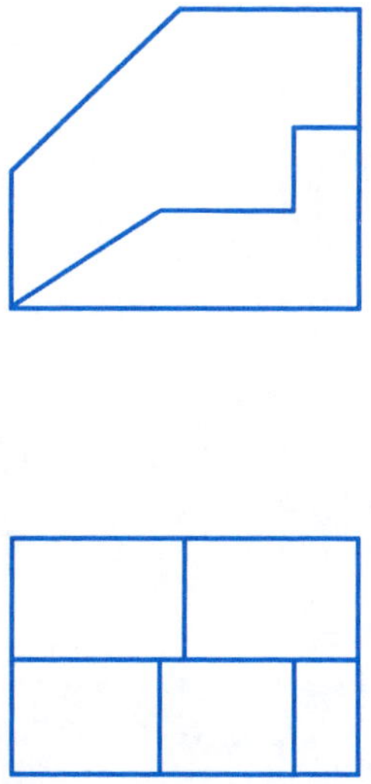

(2)

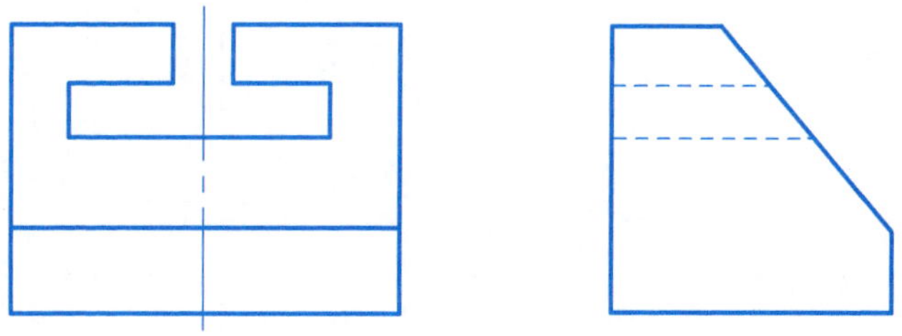

(3)

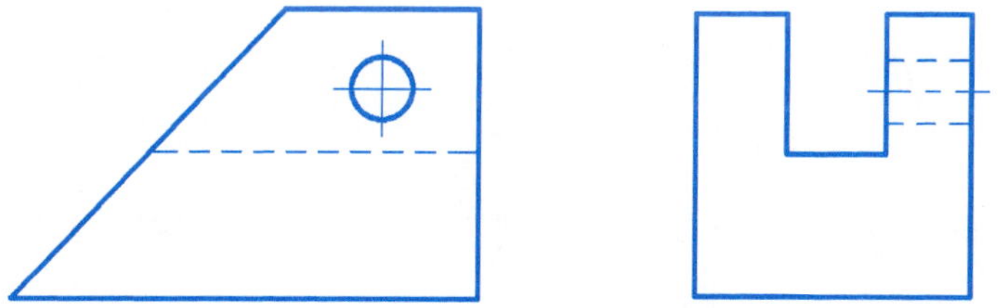

任务7　绘制组合体的轴测图	班级	姓名	学号	审核	

根据形体的投影图绘制其轴测图(种类自行确定)。

(1)

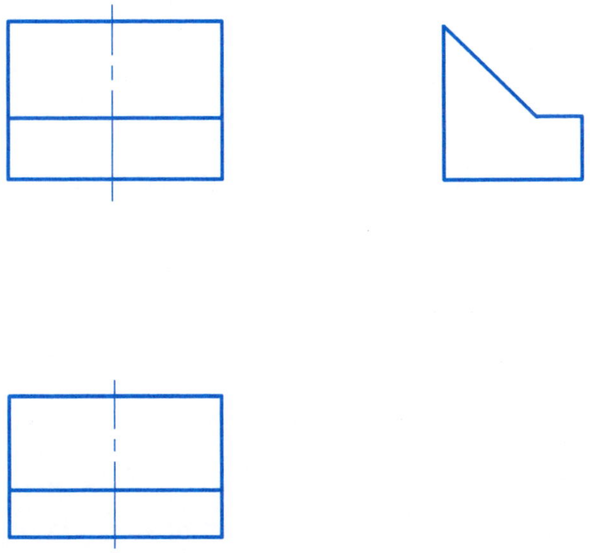

(2)

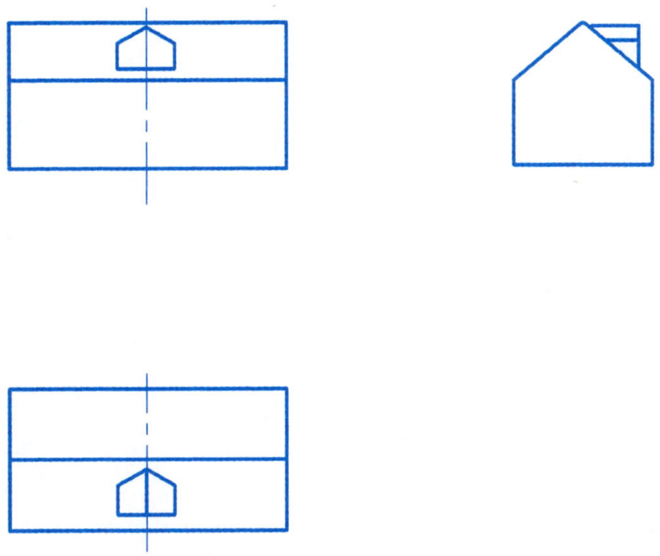

(3)

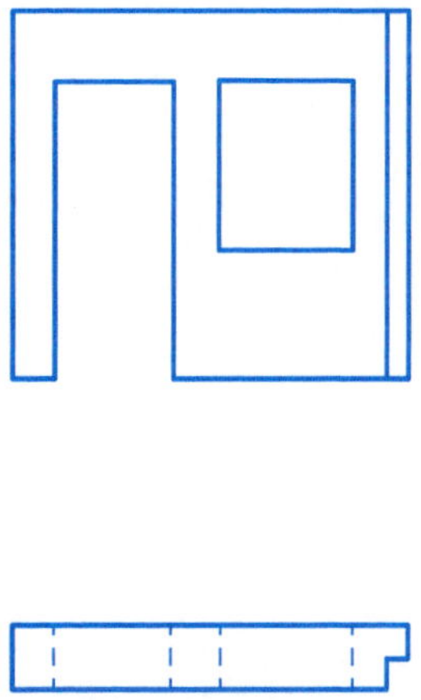

(4)

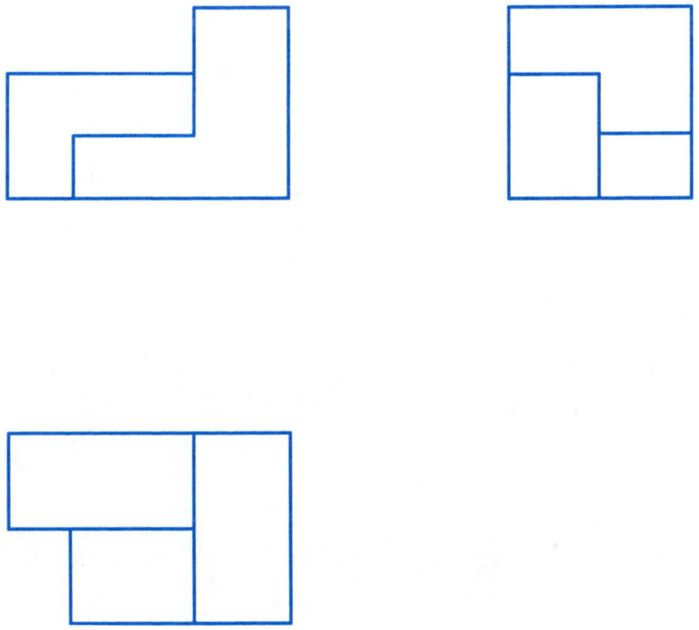

(5)

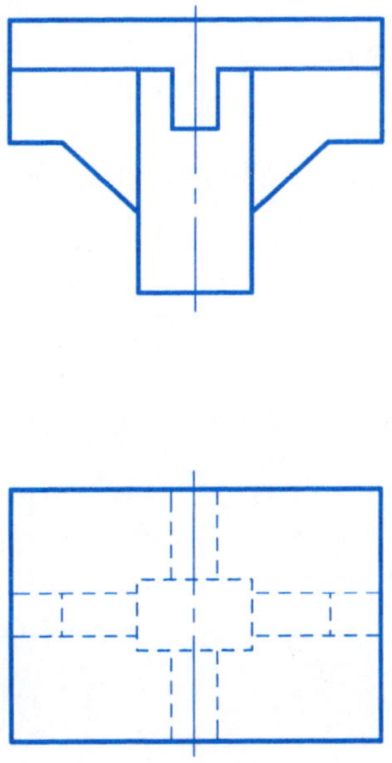

(6)

(7)

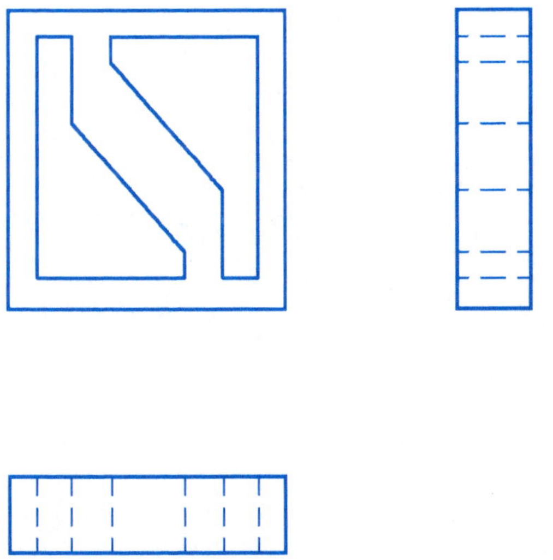

(8)

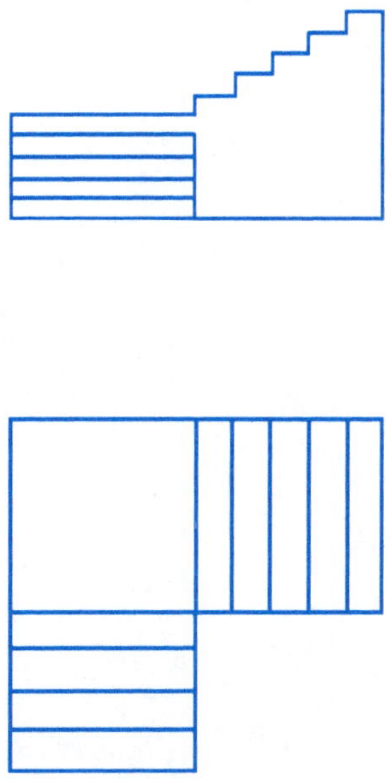

(9)

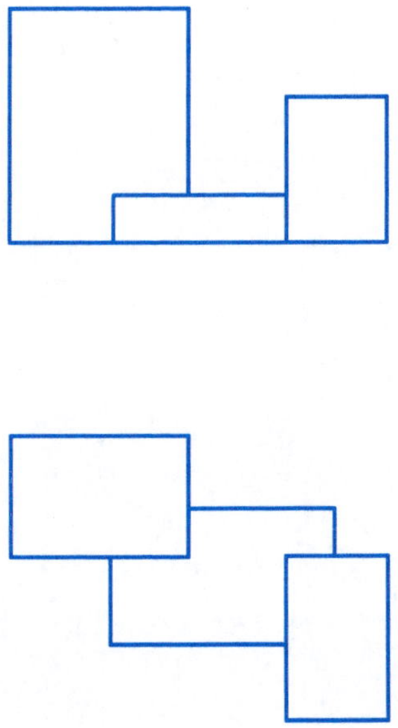

(10)

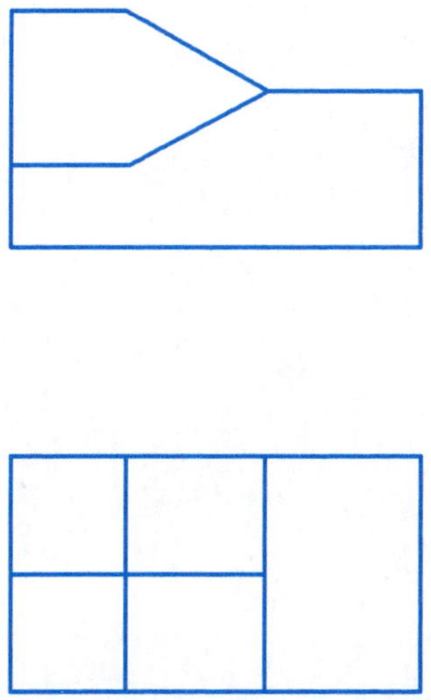

任务8　标注组合体的尺寸	班级　　　　姓名　　　　学号　　　　审核	15

根据组合体的视图标注尺寸(尺寸从图中直接量取)。

(1)

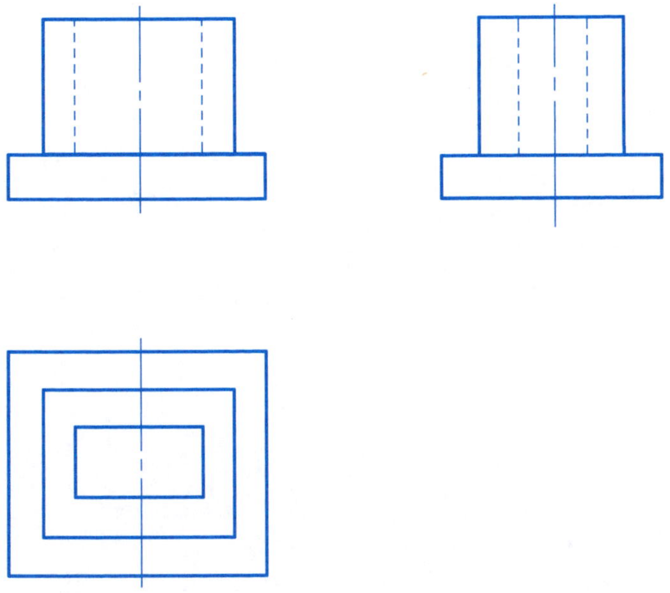

(2)

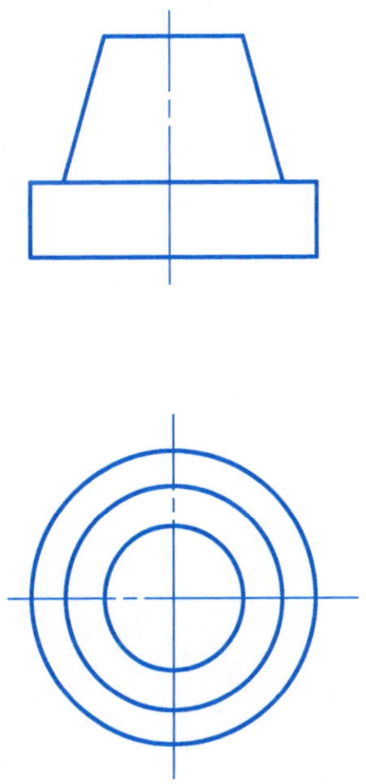

(3)

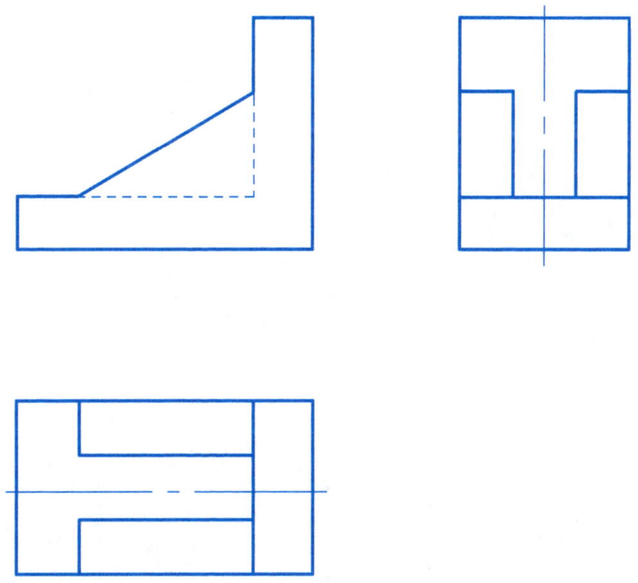

(4)

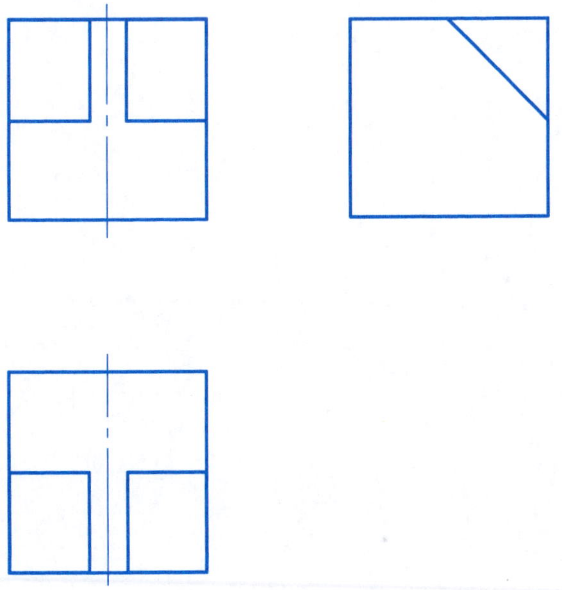

(5)

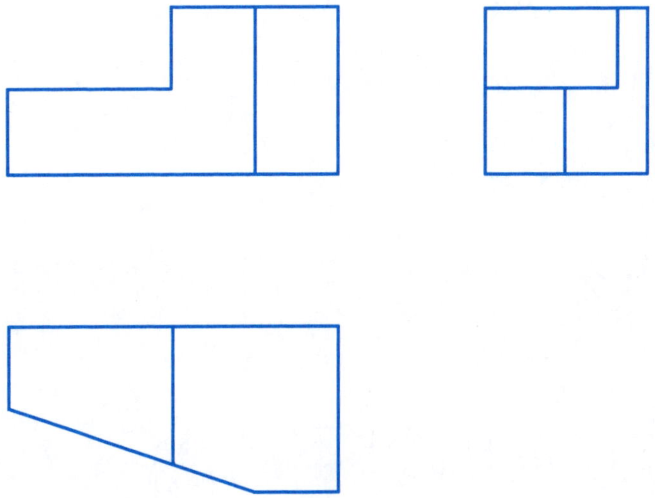

(6)

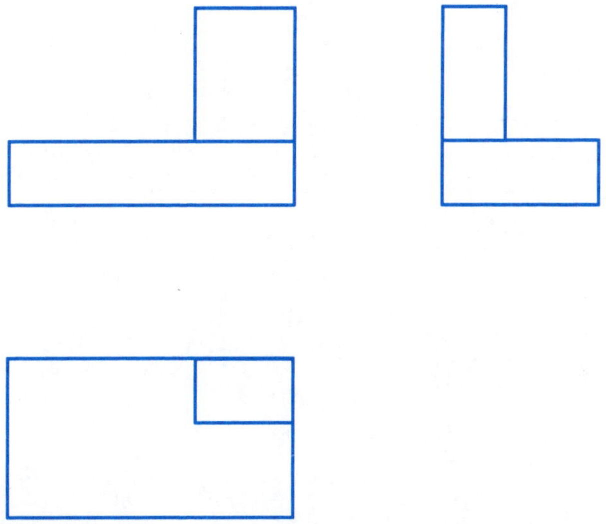

(7)

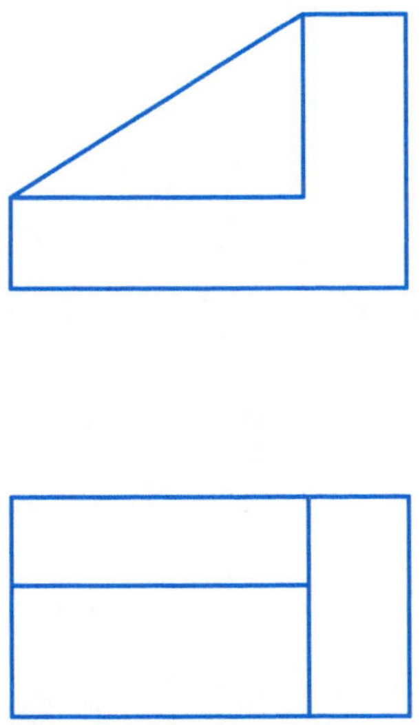

(8)

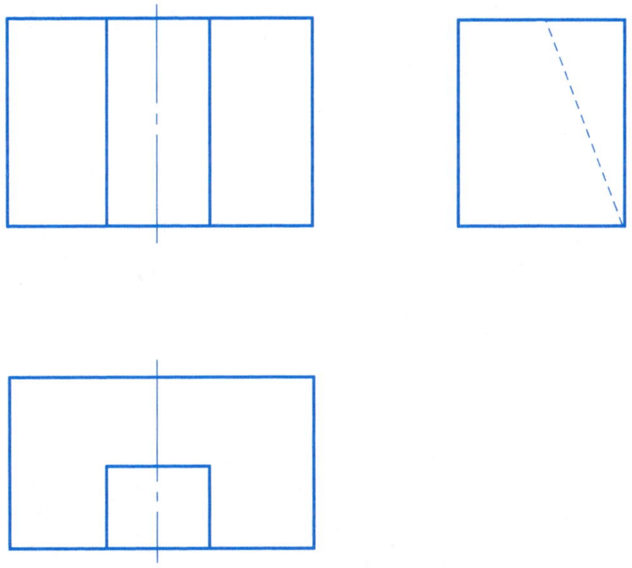

(9)

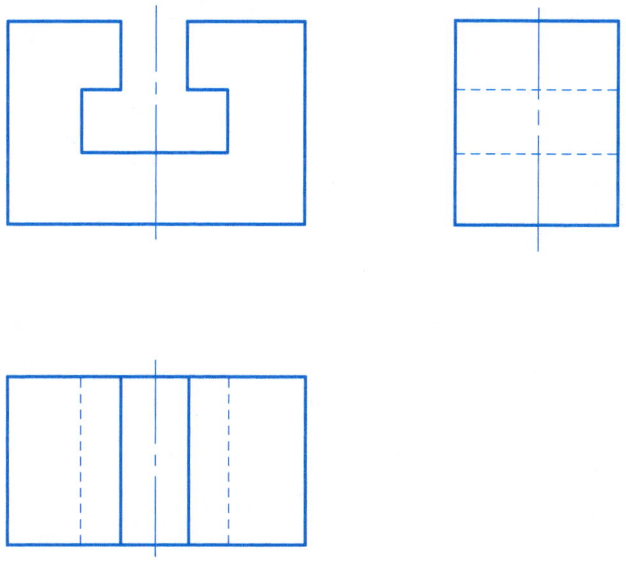

(10)

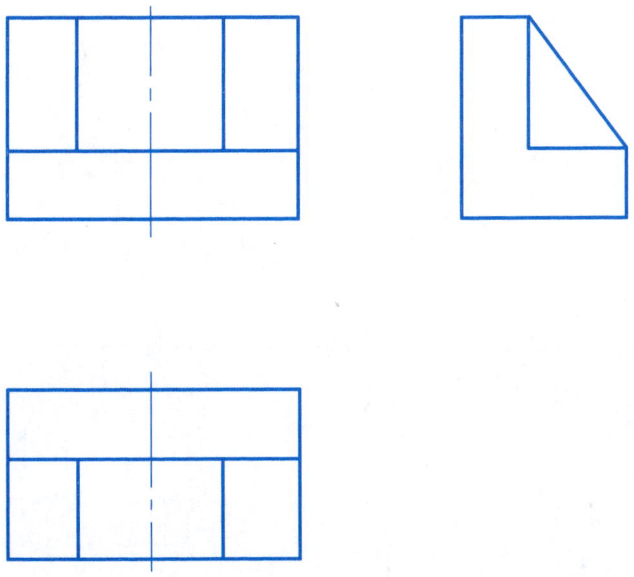

(11)

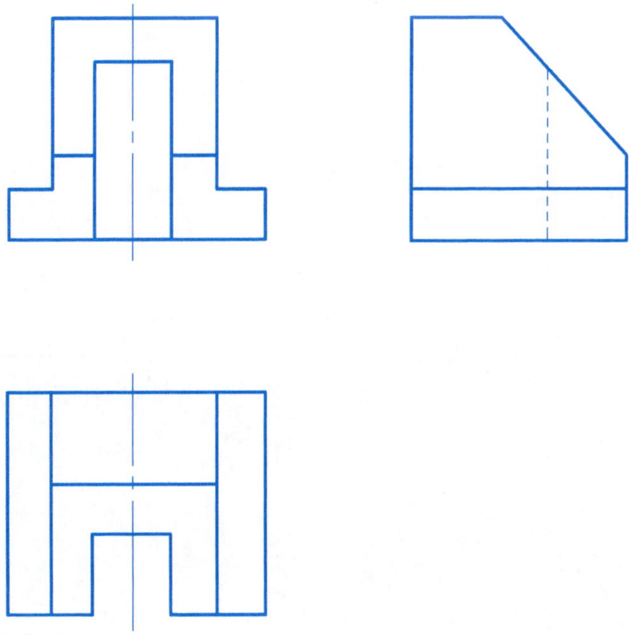

(12)

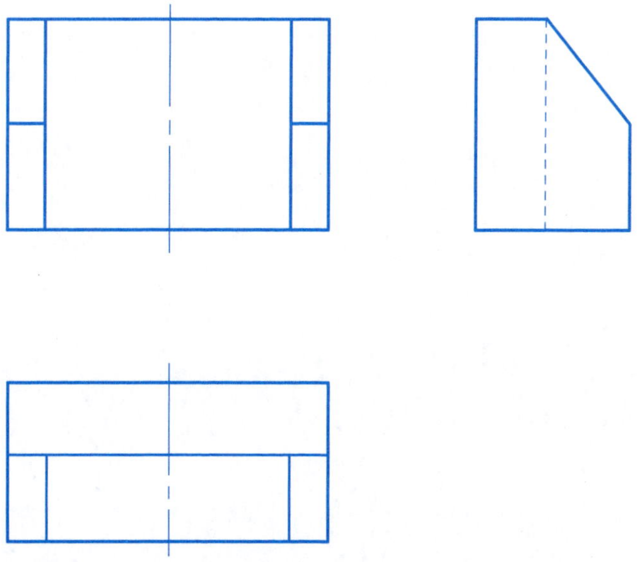

(13)

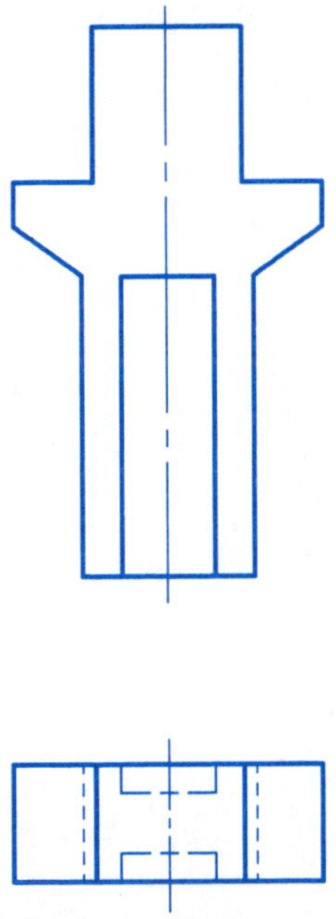

(14)

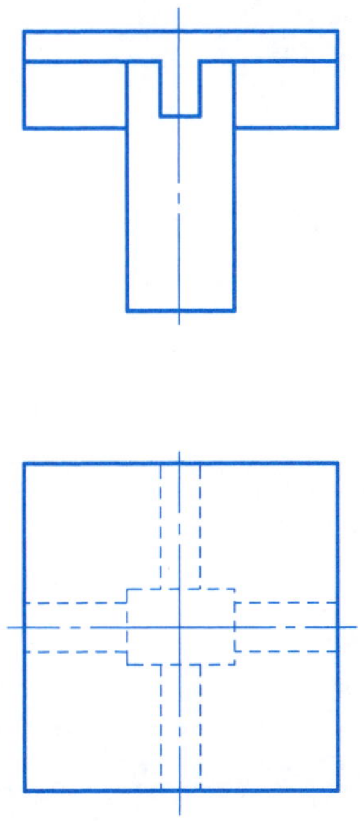

(15)

(16)

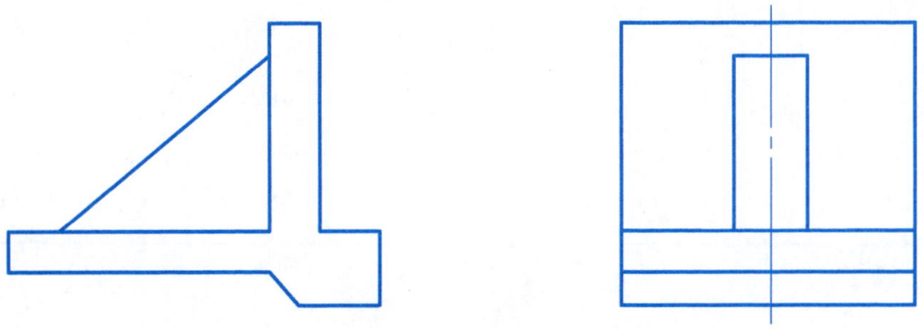

(17)

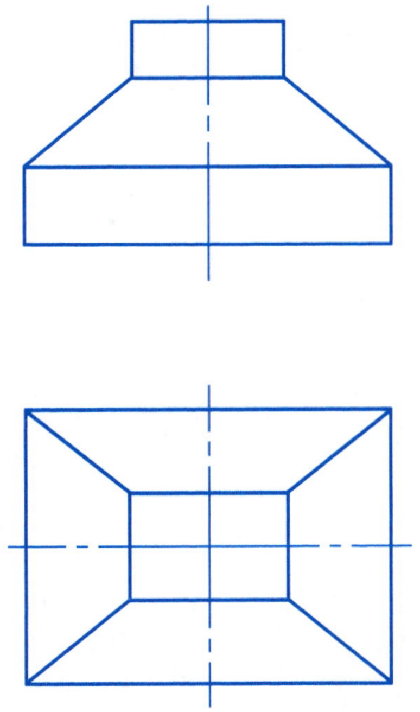

(18)

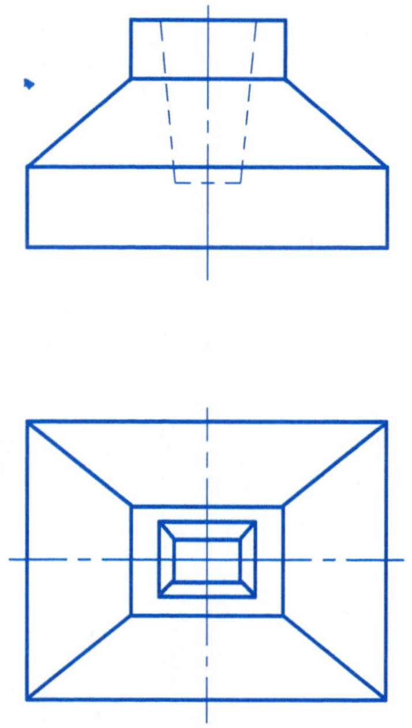

(19)

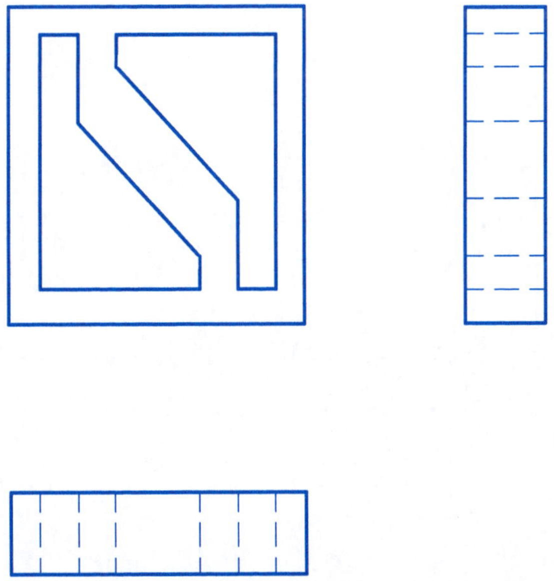

(20)

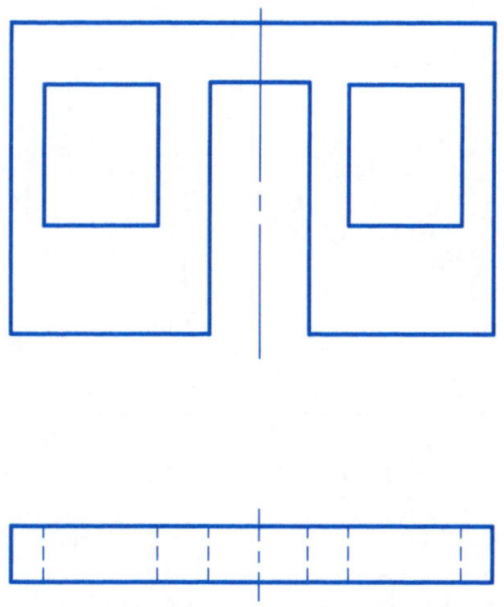

项目 1　识读砖混结构施工图	班级　　姓名　　学号　　审核	19

1. 根据形体的投影图绘制其剖面图或断面图。

(1)绘制形体的 2-2 剖面图。

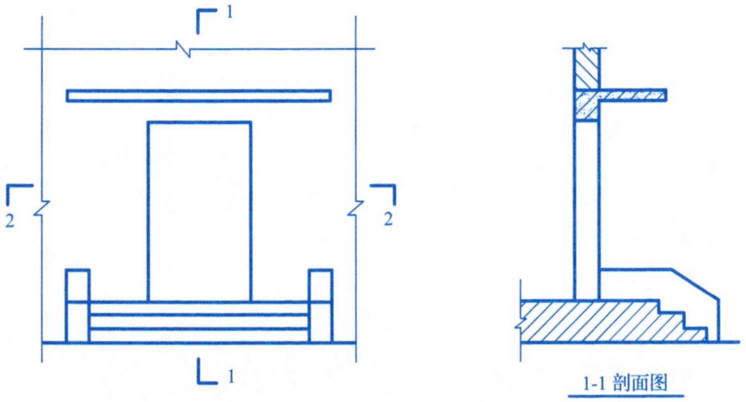

(2)绘制形体的 1-1 剖面图。

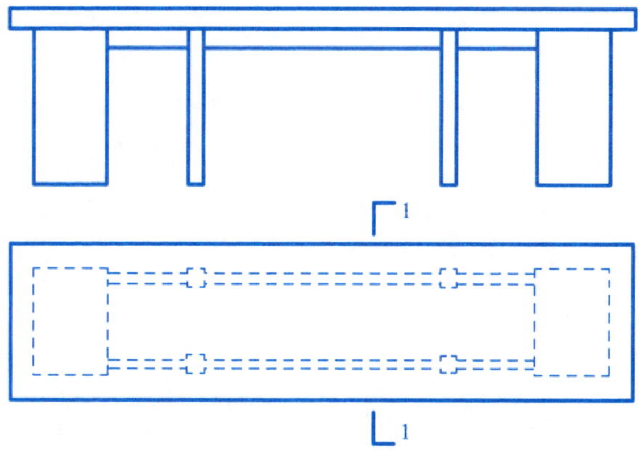

(3)绘制形体的 1-1 剖面图。

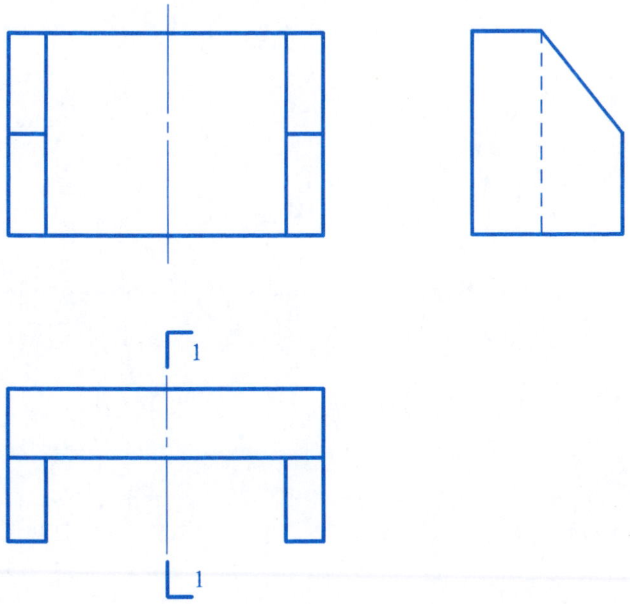

(4)绘制形体的 1-1 剖面图。

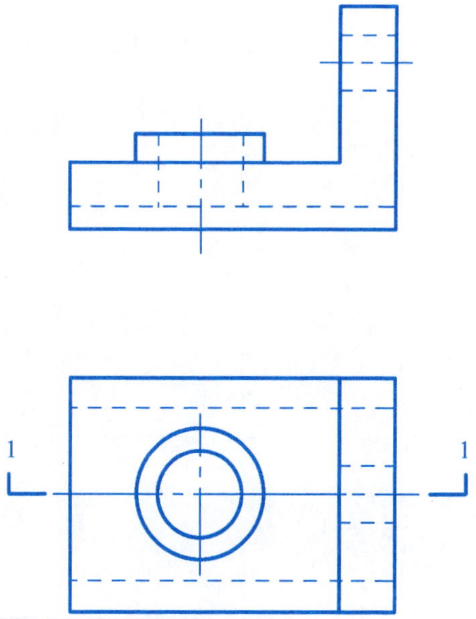

(5)绘制形体的 1-1 剖面图和 2-2 断面图。

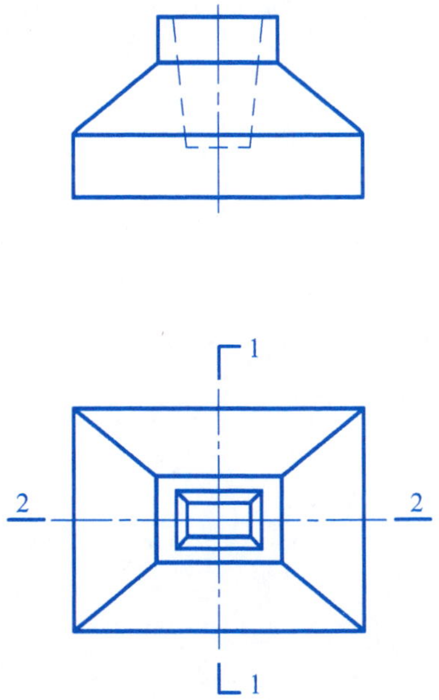

(6)绘制形体的 2-2 剖面图。

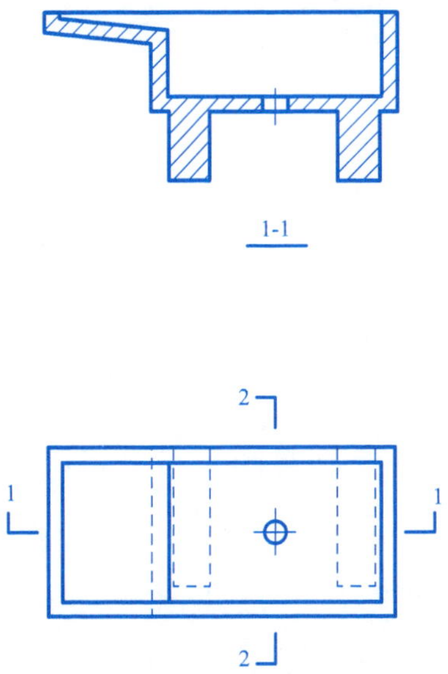

(7)绘制形体的 1-1 剖面图和 2-2 断面图。

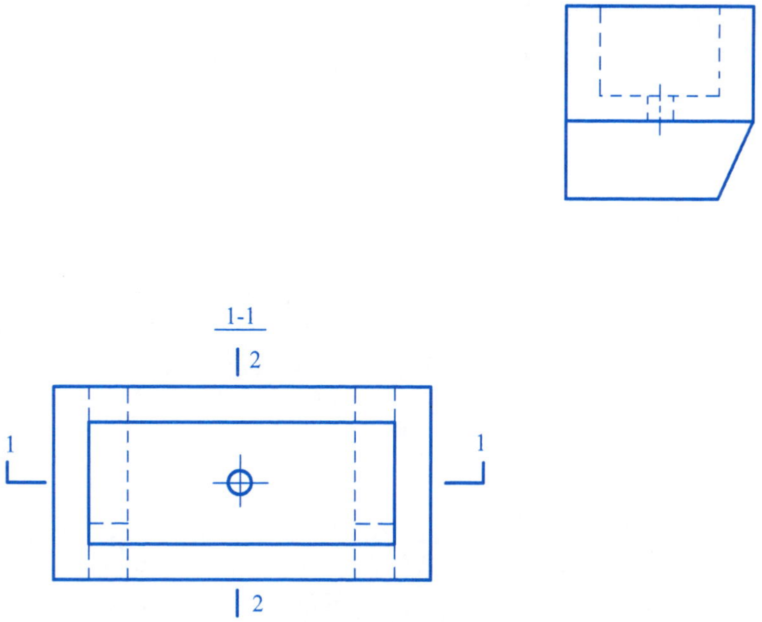

(8)绘制形体的 1-1 剖面图和 2-2、3-3 断面图。

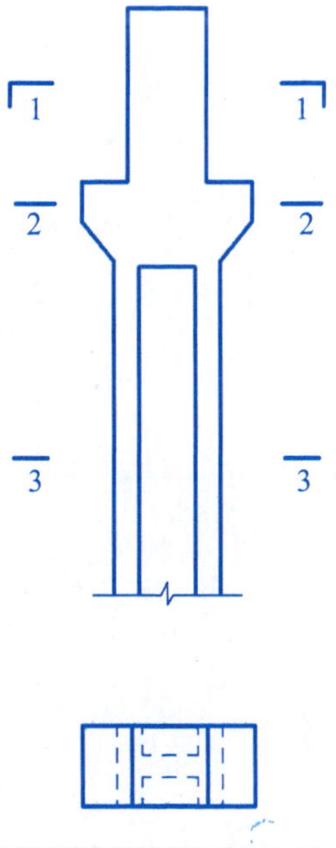

(9)绘制形体的 1-1 剖面图。

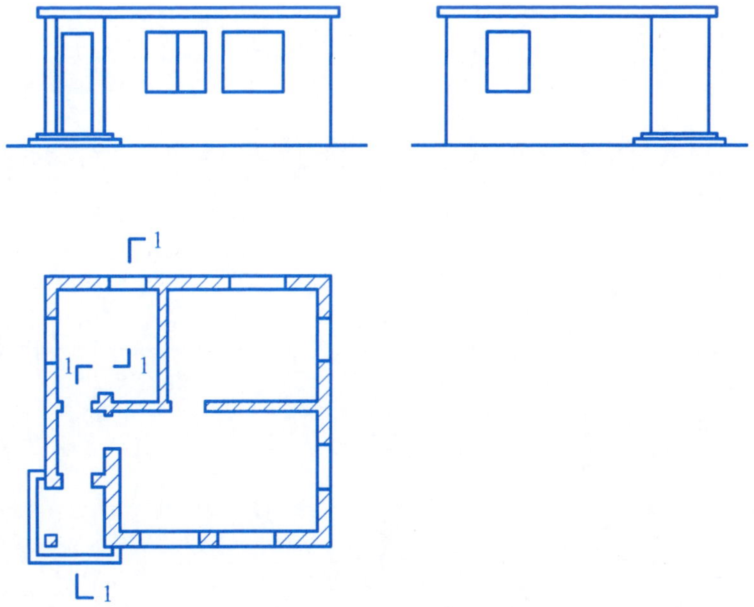

(10)绘制形体的 2-2 剖面图和断面图。

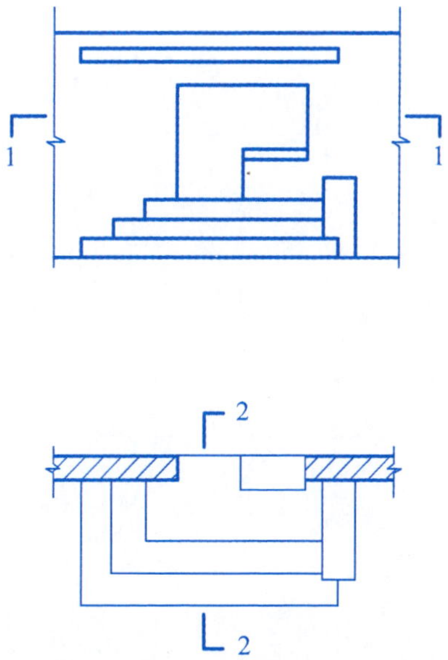

1-1 剖面图

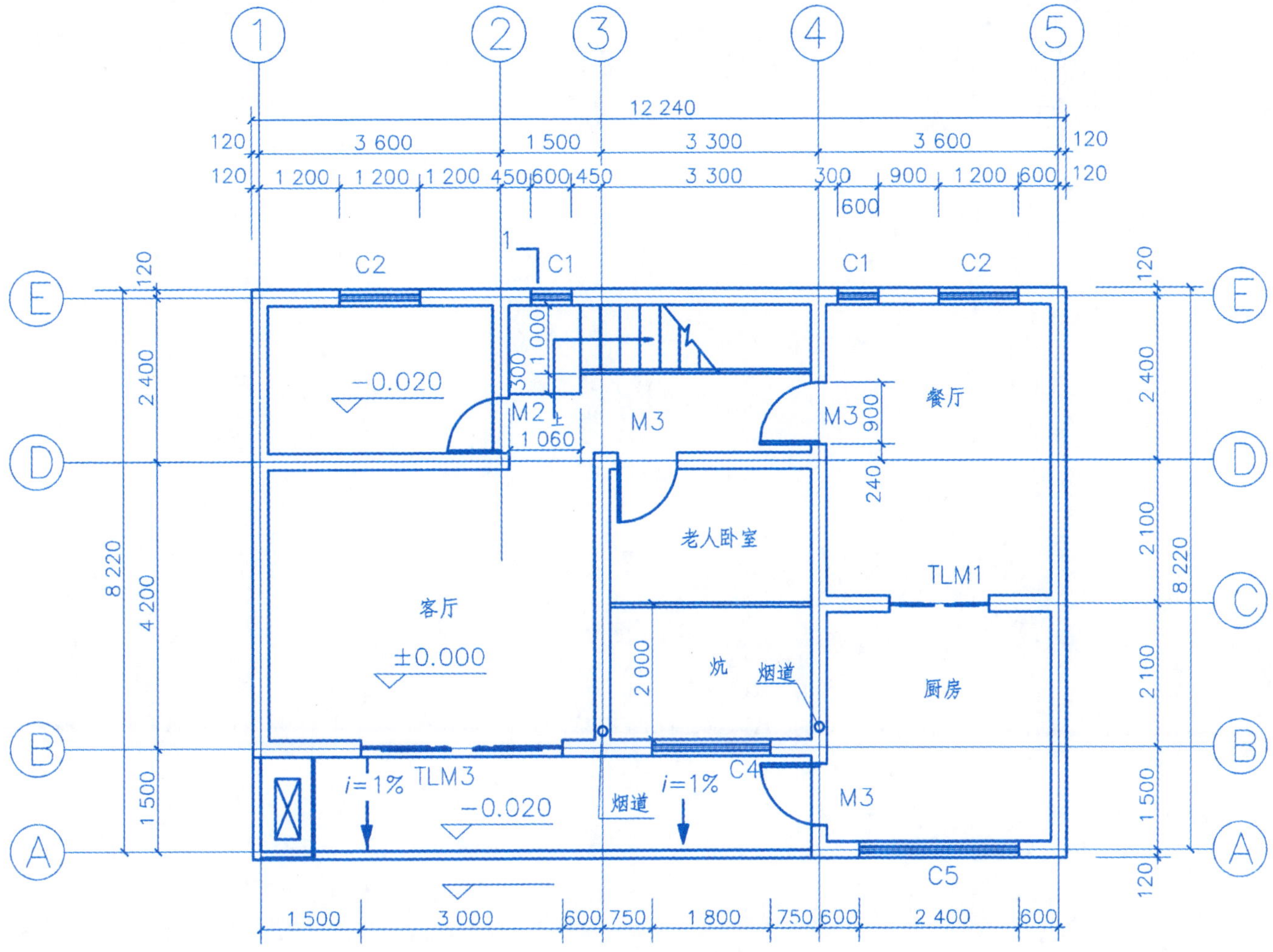

一层平面图 1:50

建筑做法说明：

1. 土壤类别：−0.5 m 以上为普通土，以下为坚土。人工挖土，人力车运土至 40 m 指定地点。
2. 基础：C15 混凝土垫层、水泥砂浆 M5.0 黏土砖基础。
3. 墙体：承重墙为 240 mm 厚、M5.0 混合砂浆、混水实心黏土砖墙；

   非承重墙为 120 mm 厚、M5.0 混合砂浆、混水实心黏土砖墙；

   墙垛均居中开设。
4. 混凝土：基础圈梁标号为 C25，其他构件均为 C30，粒径小于或等于 31.5 mm 的混凝土为现场预拌。
5. 本工程基础垫层模板为木模板木支撑，基础圈梁模板为胶合板模板木支撑，其他混凝土模板为胶合板钢支撑，胶合板模板周转两次。

2. 某砖混结构建筑平面图、立面图和剖面图如图所示，试回答下列问题：

(1)建筑平面图是如何形成的？

(2)根据一层平面图的图示内容，指出一层平面图缺少什么内容？

(3)结合平面图、立面图和剖面图，标注图中缺少的标高，并指出室内外的高差。

(4)指出图中尺寸标注不规范的地方。

(5)一层平面图中有哪几种类型的门窗？

(6)根据尺寸标注的规定，尺寸一般应标注哪些内容？

(7)建筑物定位轴线间的总长度和总宽度各是多少？

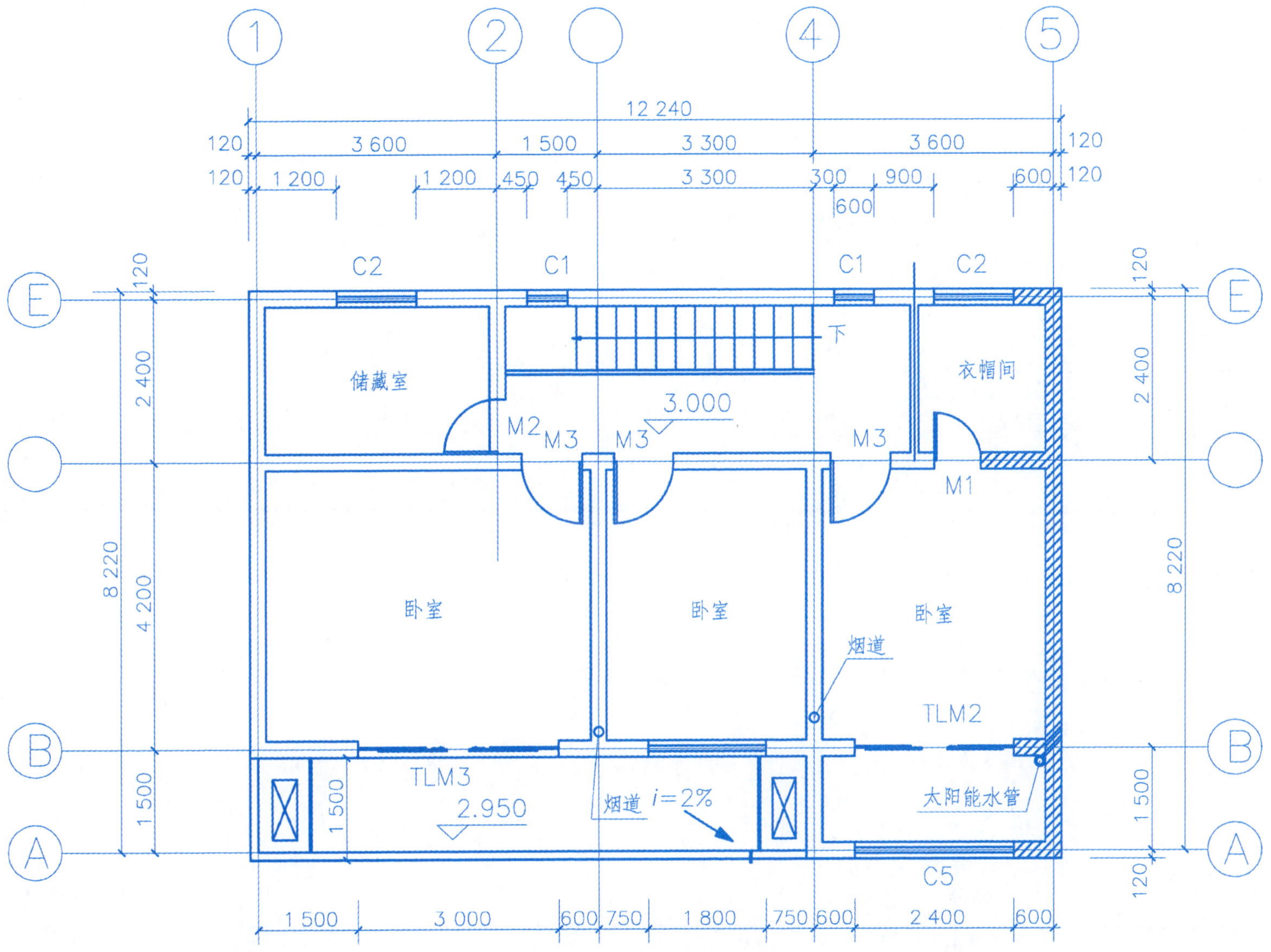

二层平面图 1:50

(1)标注图中缺少的定位轴线编号，并指出定位轴线的编号有何规定。

(2)补全图中缺少的尺寸线和尺寸数字。

(3)指出图中室内地坪与阳台地坪之间的高差。

(4)TLM2 代表什么含义？

(5)指出图中带阴影部分是什么材料图例，其表示方法是否规范。

(6)根据一层和二层平面图，统计各种类型门窗的数量。

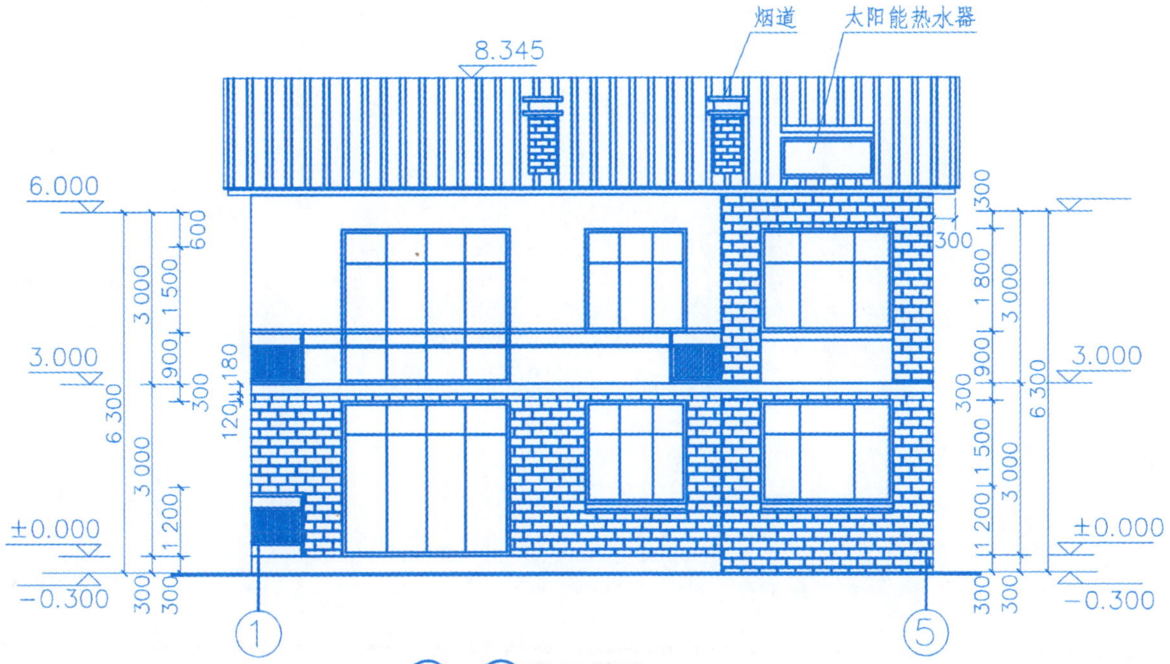

①−⑤立面图 1:100

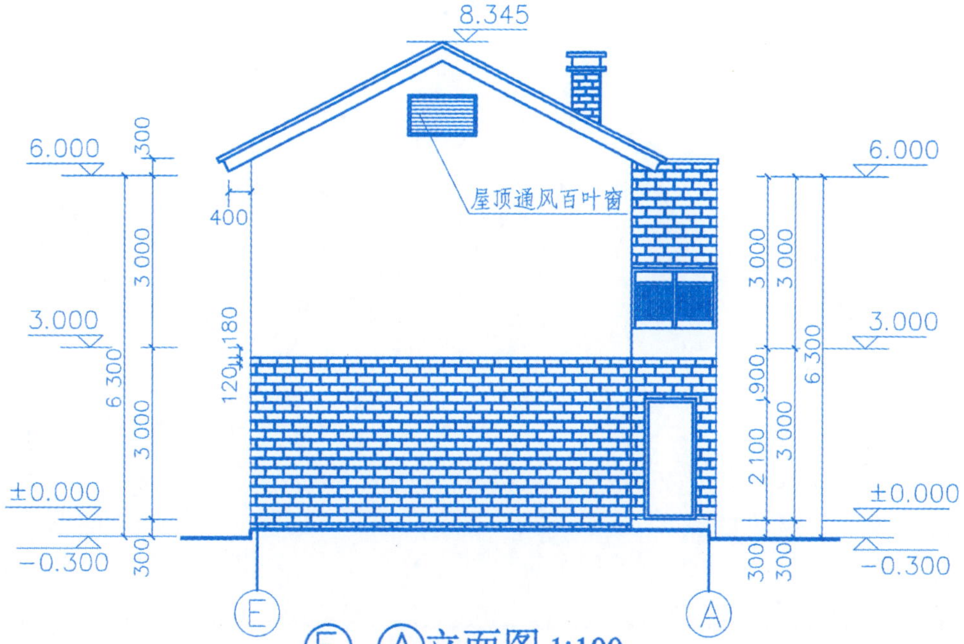

Ⓔ−Ⓐ立面图 1:100

门窗明细表

类型	设计编号	洞口尺寸 宽X高/(mmXmm)	数量	备注
门	M1	700X2 100	1	木门
	M2	800X2 100	2	木门
	M3	900X2 100	6	木门
	TLM1	1 500X2 100	1	塑钢推拉门
	TLM2	2 400X2 700	1	塑钢推拉门
	TLM3	3 000X2 700	2	塑钢推拉门
窗	C1	600X1 500	3	塑钢窗
	C2	1 200X1 500	4	塑钢窗
	C3	1 800X900	1	塑钢窗
	C4	1 800X1 800	2	塑钢窗
	C5	2 400X1 800	2	塑钢窗
	百叶窗	600X500	2	塑料

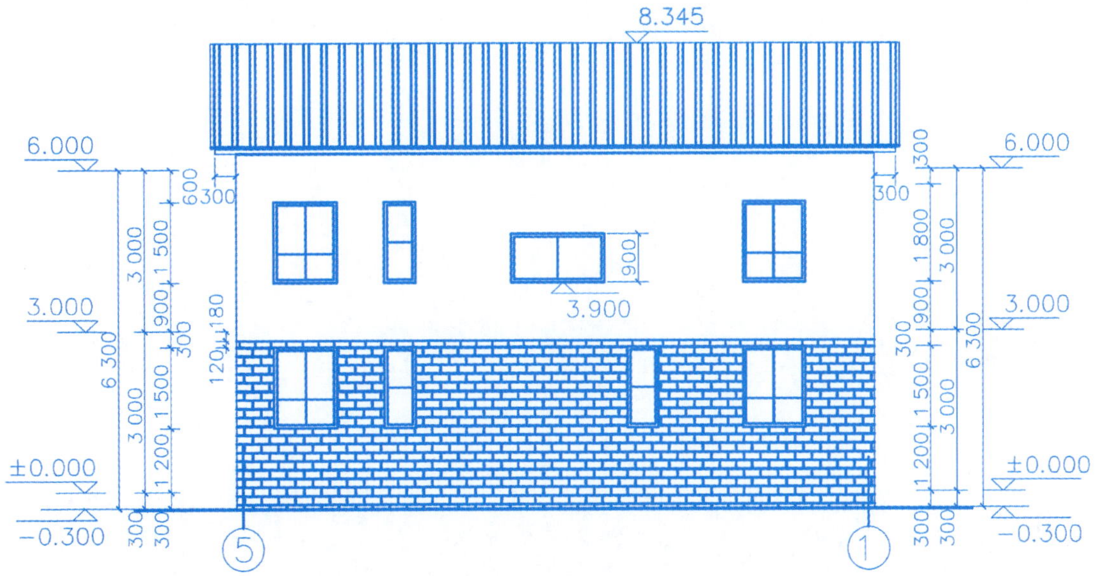

⑤-①立面图 1:100

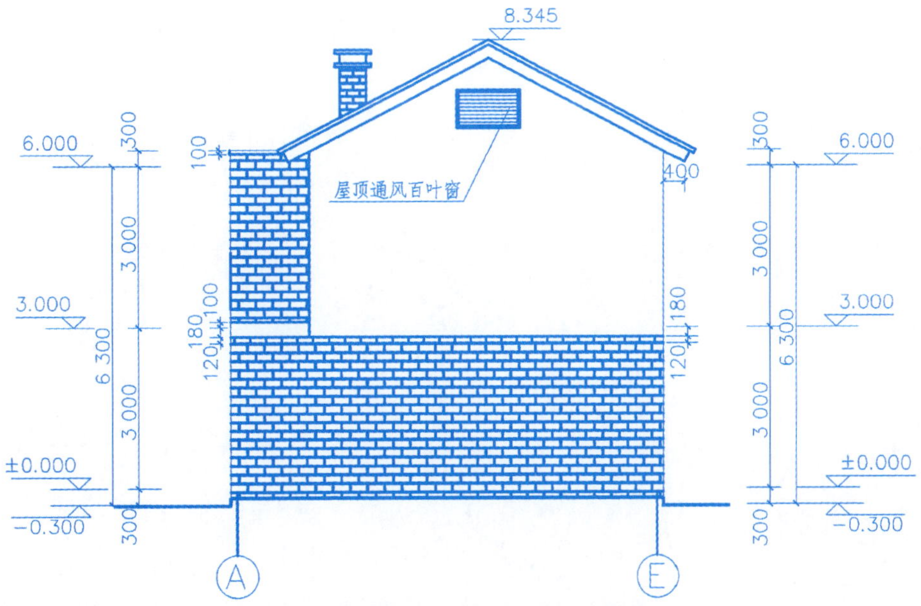

Ⓐ-Ⓔ立面图 1:100

(1)建筑立面图是如何形成的?

(2)根据图示内容,说出立面图主要表达哪些内容?

(3)立面图的尺寸主要标注哪几个?

(4)建筑物的高度可以通过哪些尺寸来体现?

(5)补全各立面图中缺少的标高和尺寸。

(6)立面图的命名方式除了图中所示用定位轴线编号表示外,还可以采用哪些方式?

(7)根据图示内容指出室外标高、室内标高、檐口标高和屋脊处标高各是多少,建筑物的总高度是多少。

(8)门窗统计表主要表达哪些内容?

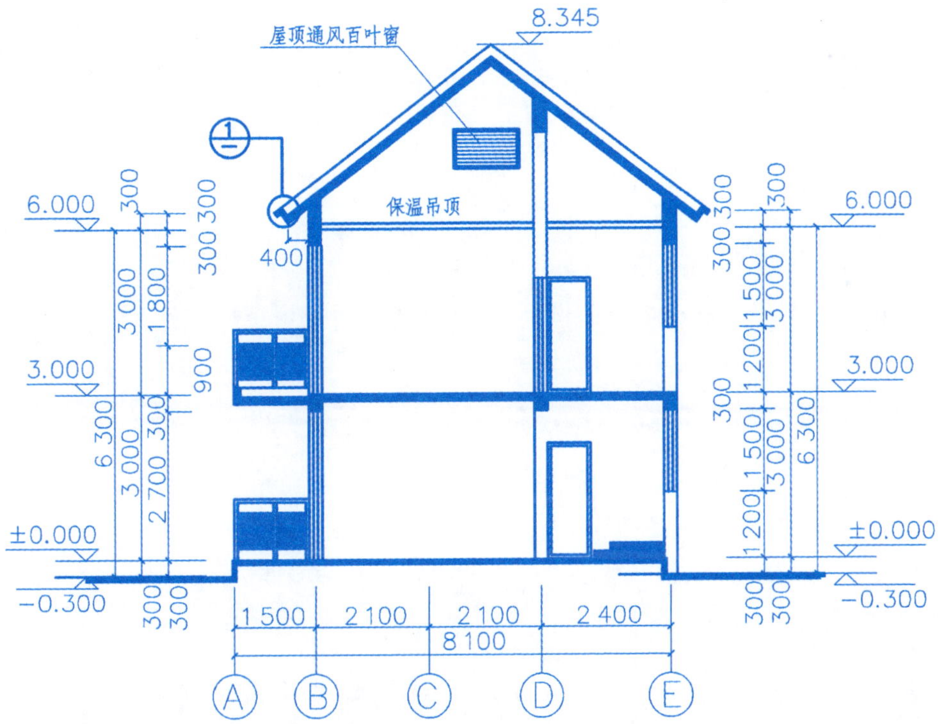

1-1剖面图 1:100

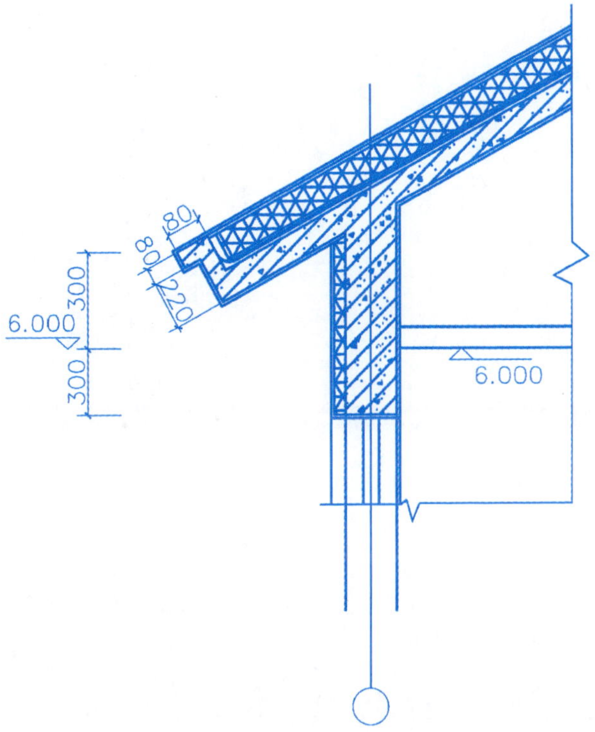

①**檐口详图** 1:25

(1)建筑剖面图是如何形成的？

(2)1-1剖面图是从建筑物的什么位置剖切的？从哪张图纸能够直接找出来？

(3)建筑剖面图主要表达哪些内容？

(4)建筑剖面图中涂黑部分代表什么含义？

(5)檐口详图是从图中的哪个位置索引出来的？主要表达什么内容？

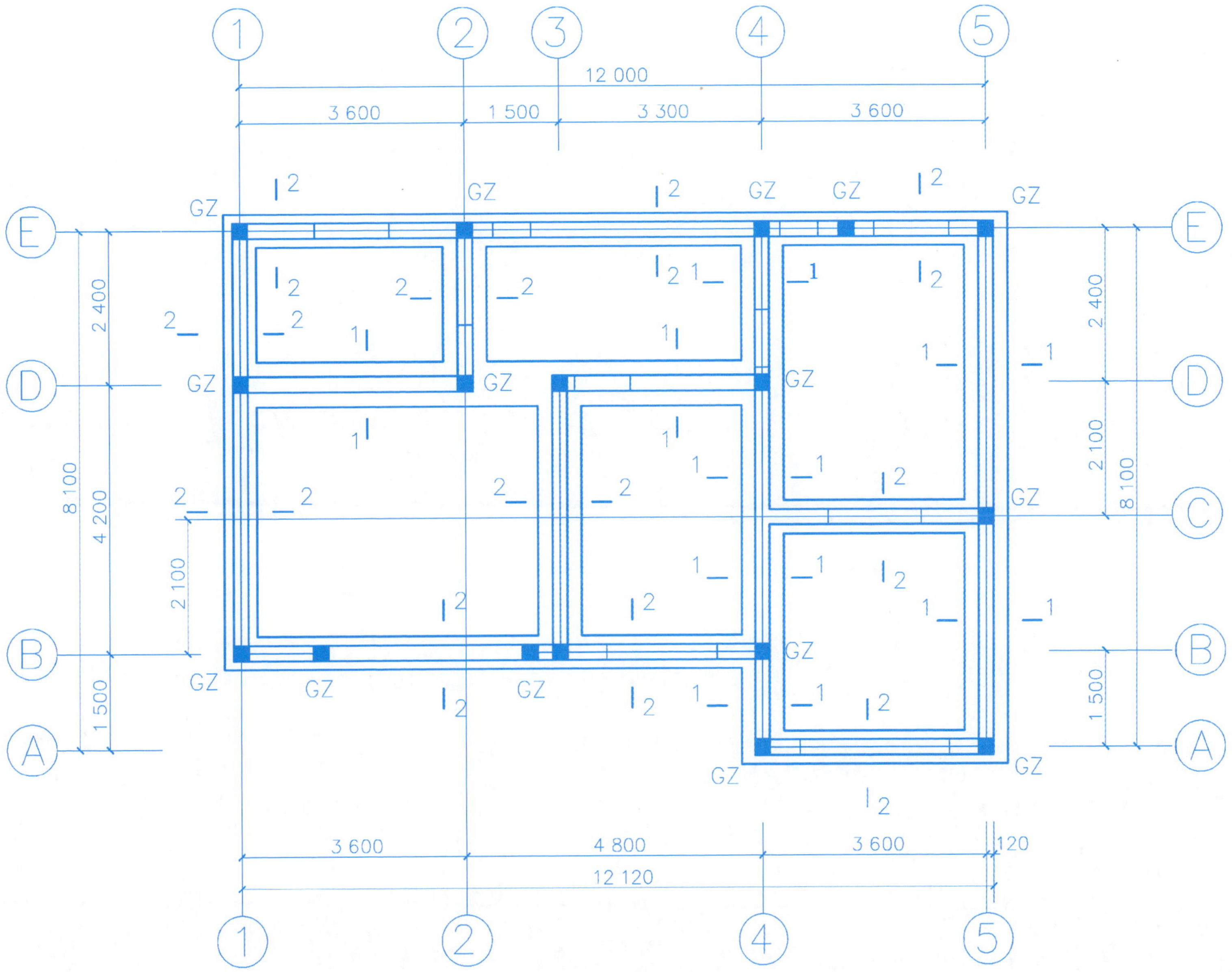

基础平面图 1:100

3.某砖混结构基础平面图与断面图如图所示，试回答下列问题：

(1)基础平面图是如何形成的？

(2)基础平面图主要表达哪些内容？

(3)从基础平面图的图示内容来看，基础有哪几种断面形式？

(4)GZ代表什么含义？一共有多少个？

(5)D轴线上2轴与3轴之间的基础只有两条边线，其余轴线基础都有四条边线，这代表什么含义？

(6)基础平面图中有1-1、2-2断面符号，它们分别代表什么含义？剖切之后向哪个方向看？

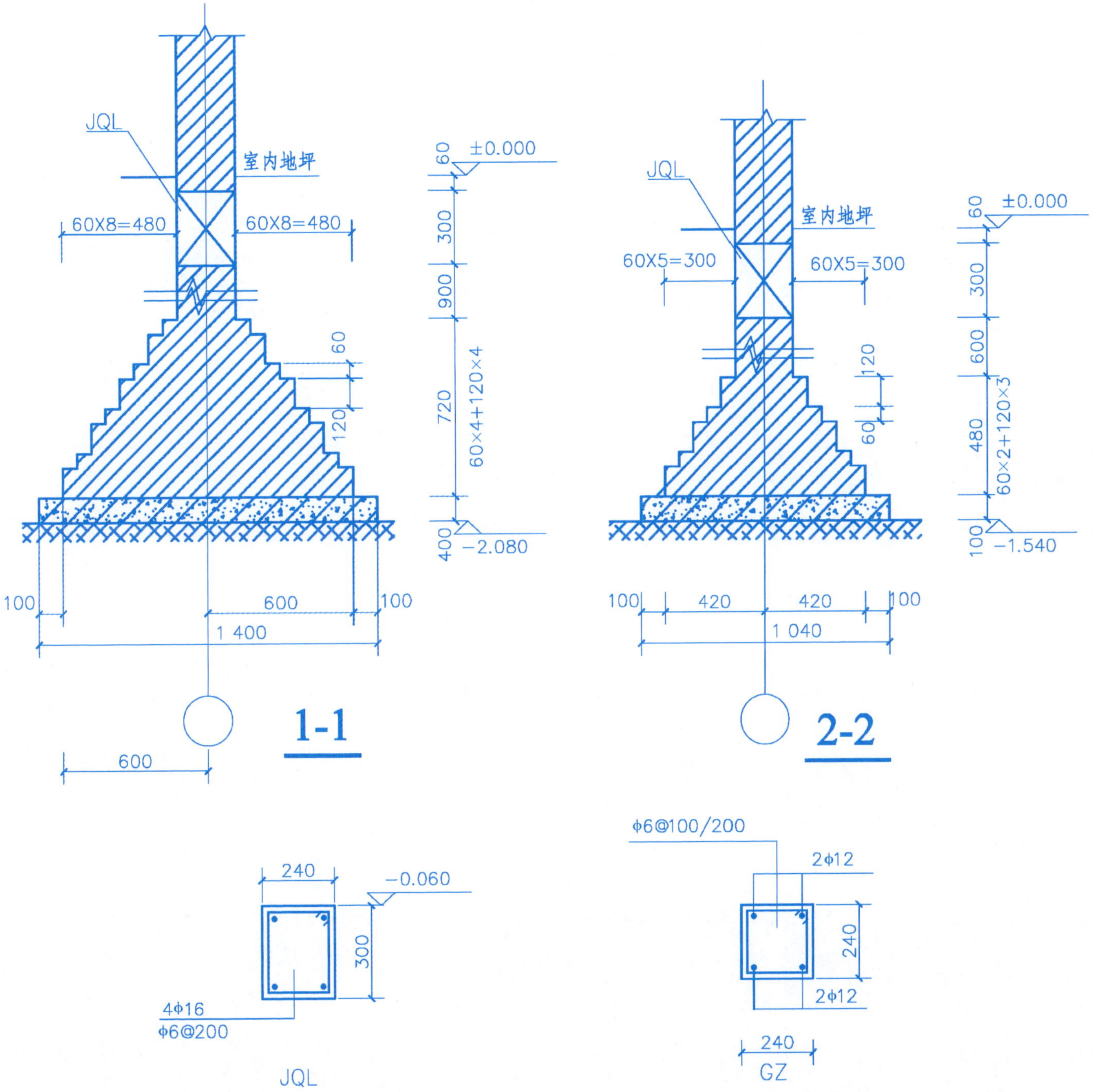

(1)基础断面图是如何形成的？

(2)基础断面图主要表达哪些内容？

(3)基础断面图中的材料图例各表示什么含义？

(4)试指出砖基础大放脚各部分的尺寸。

(5)基础断面图中有没有标注错误的地方？如有，请指出。

(6)JQL代表什么意思？其顶部距离室内地坪的高差是多少？

(7)基础1-1、2-2的底部标高各是多少？

(8)JQL、GZ的断面尺寸各是多少？其断面配筋各是什么？

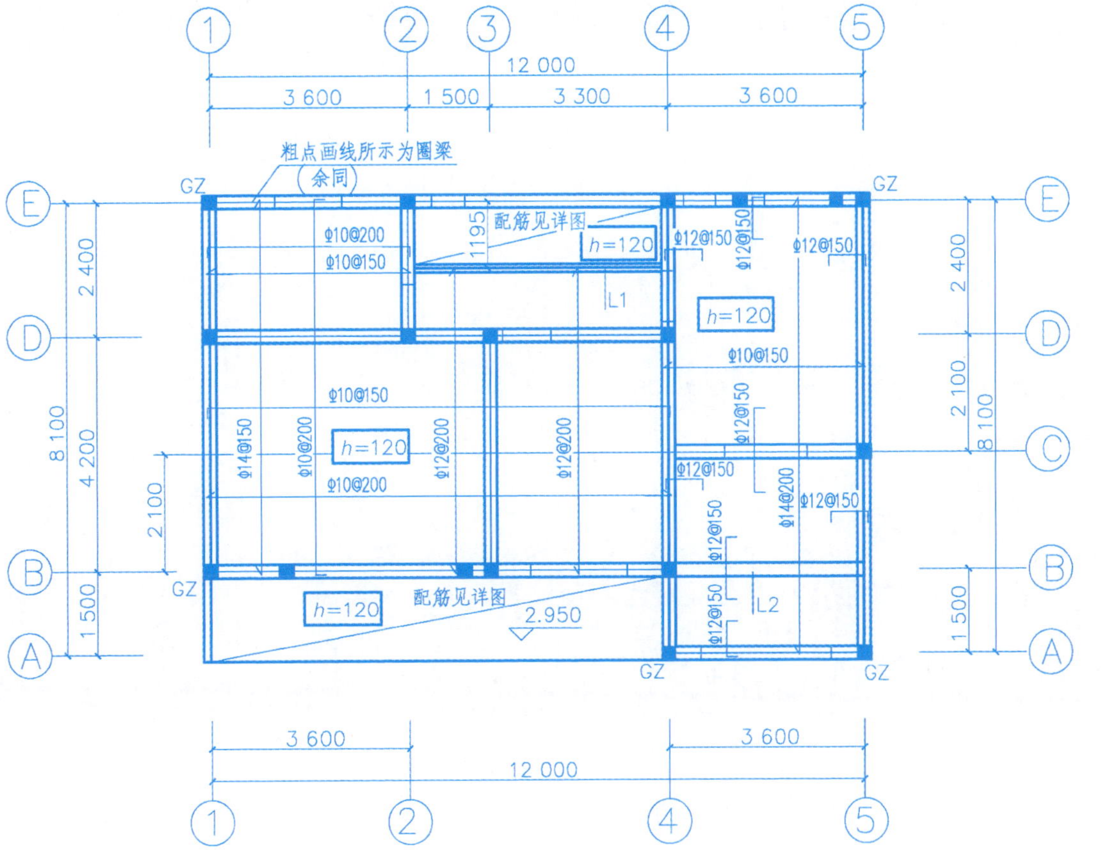

一层结构平面图 1:100

(结构标高 2.960)

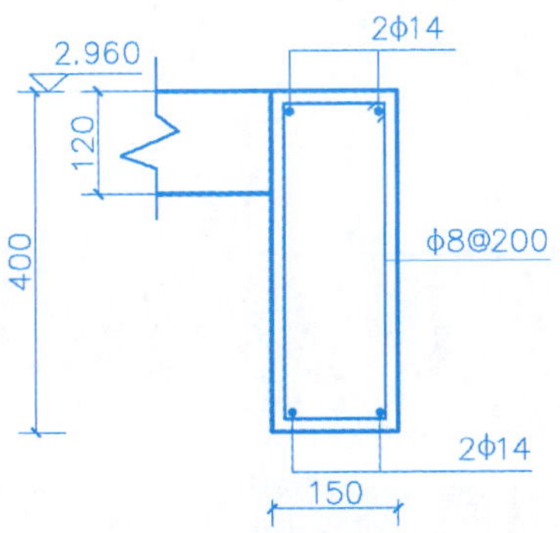

L1

(梁长5 040 mm)

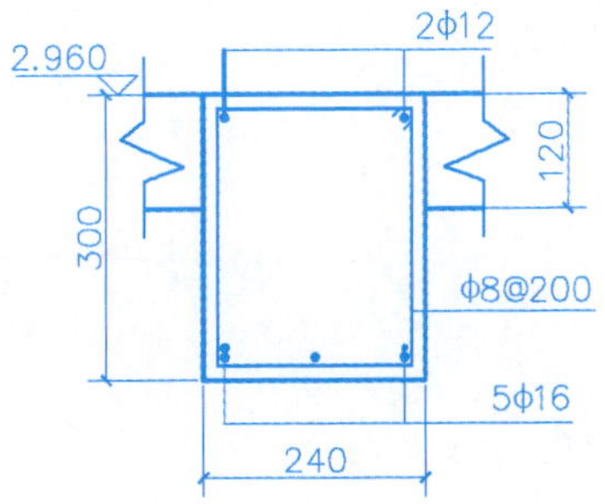

L2

(梁长3 840 mm)

4. 某砖混结构楼层结构平面图如图所示，试回答下列问题：

(1)楼层结构平面图是如何形成的？

(2)楼层板厚是多少？

(3)4～5 轴线、A～E 轴线间板块一共有几种类型的钢筋？请具体描述一下。

(4)楼层结构平面图中标高是否标注齐全？如缺少，请补齐。

(5)1～2 轴线、D～E 轴线间板块一共有几种类型的钢筋？请具体描述一下。

(6)图中 L1、L2 的断面尺寸各是多少？其表面的标高各是多少？

(7)试描述 L1、L2 的断面配筋情况。

(8)试找出图中标注不完整的构件名称，并将其补充完整。

5.某砖混结构楼梯结构平面图和断面图如图所示，试回答下页问题：

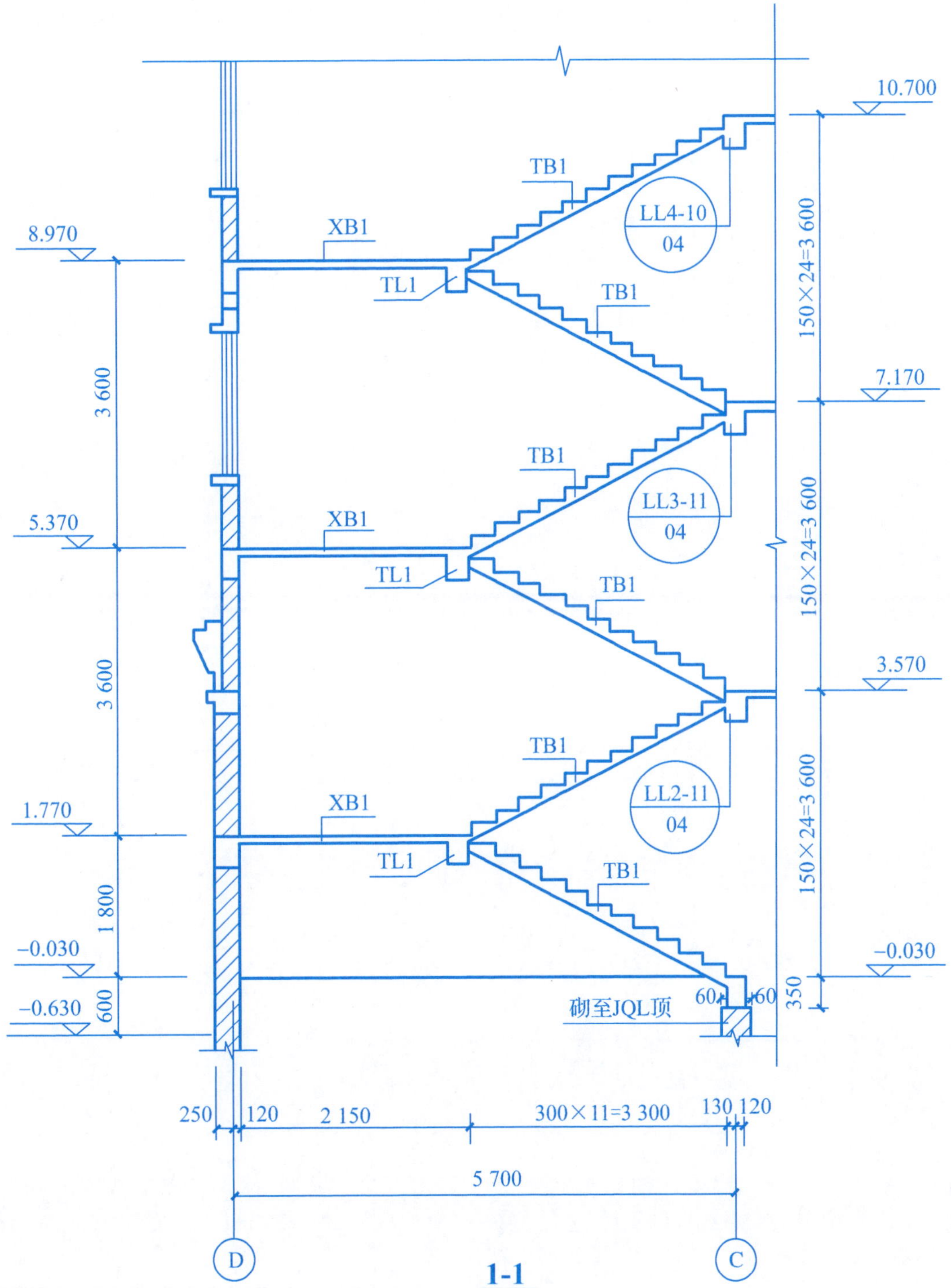

1-1

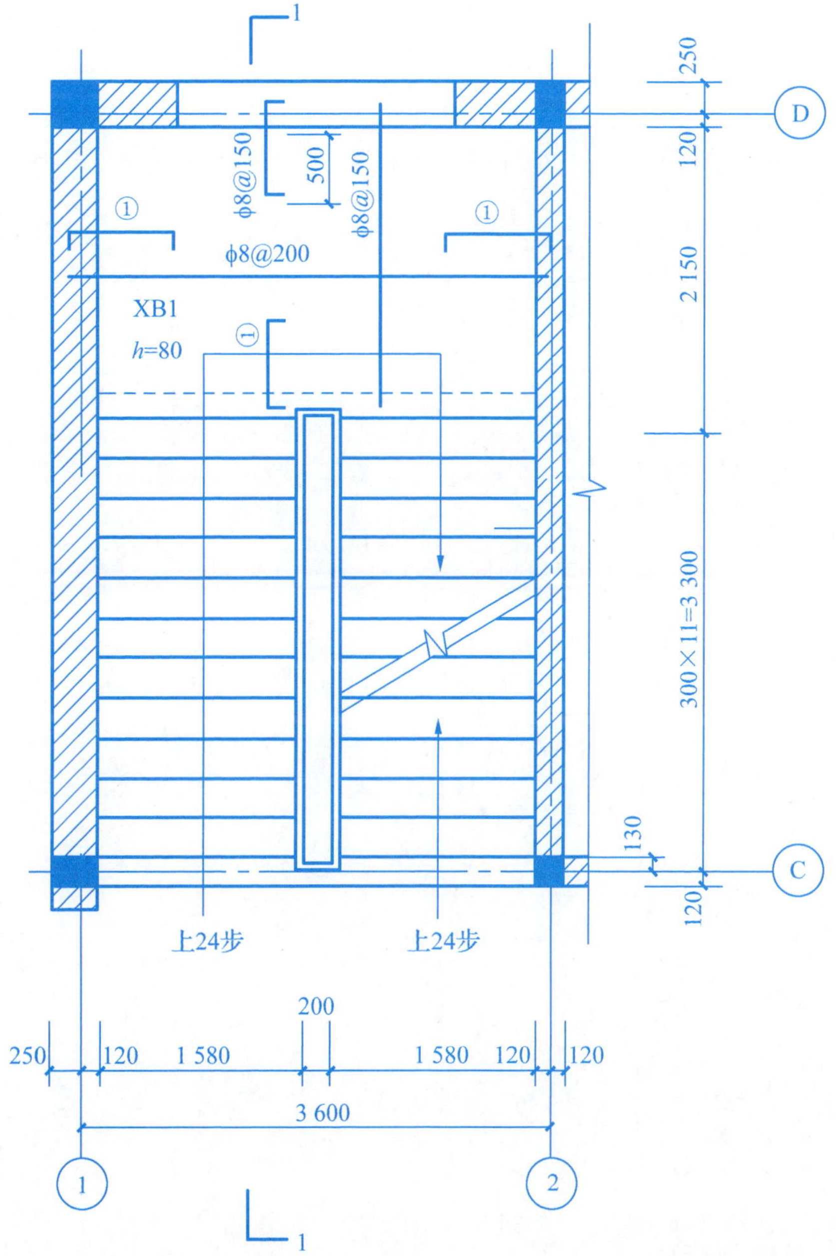

T1平面图

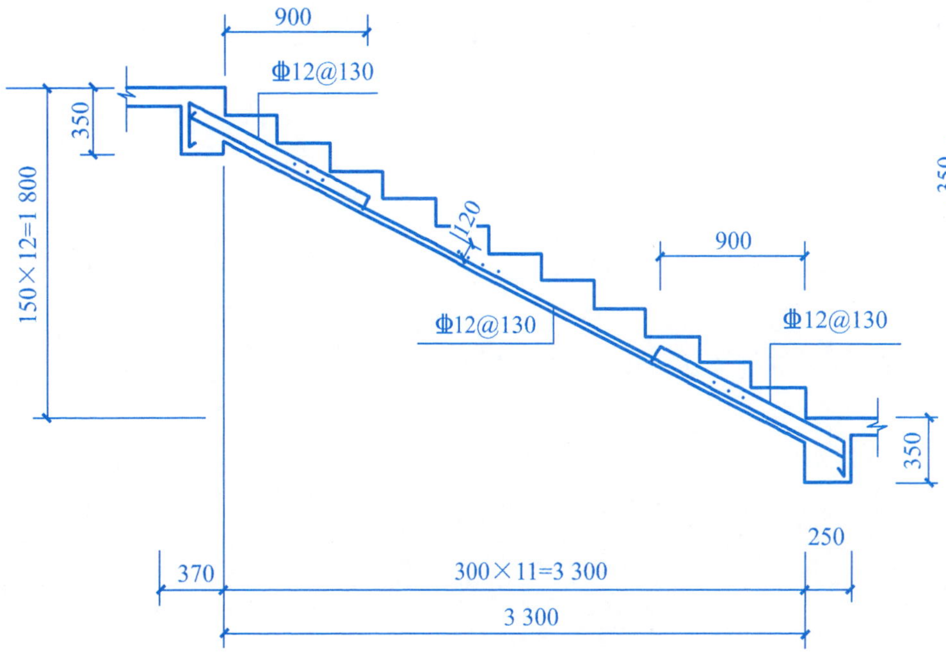

TB1

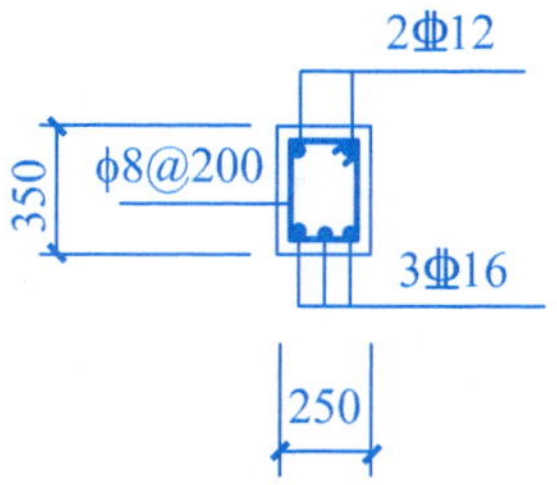

TL1 1:30

说明：
1.现浇板中未注明分布筋为φ6@200；
2.楼梯栏杆预埋件详见建筑施工图。

(1)楼梯剖面图是如何形成的？

(2)从 1-1 剖面图中指出楼梯各部位的标高。

(3)该楼梯是什么形式的楼梯？

(4)楼梯踏步的尺寸是多少？

(5)TB1 中间休息平台有哪几种类型的配筋？平台板的厚度是多少？

(6)TB1 梯段板的厚度是多少？梯段板中有哪几种类型的配筋？

(7)TL1 的断面尺寸是多少？有哪几种类型的钢筋？

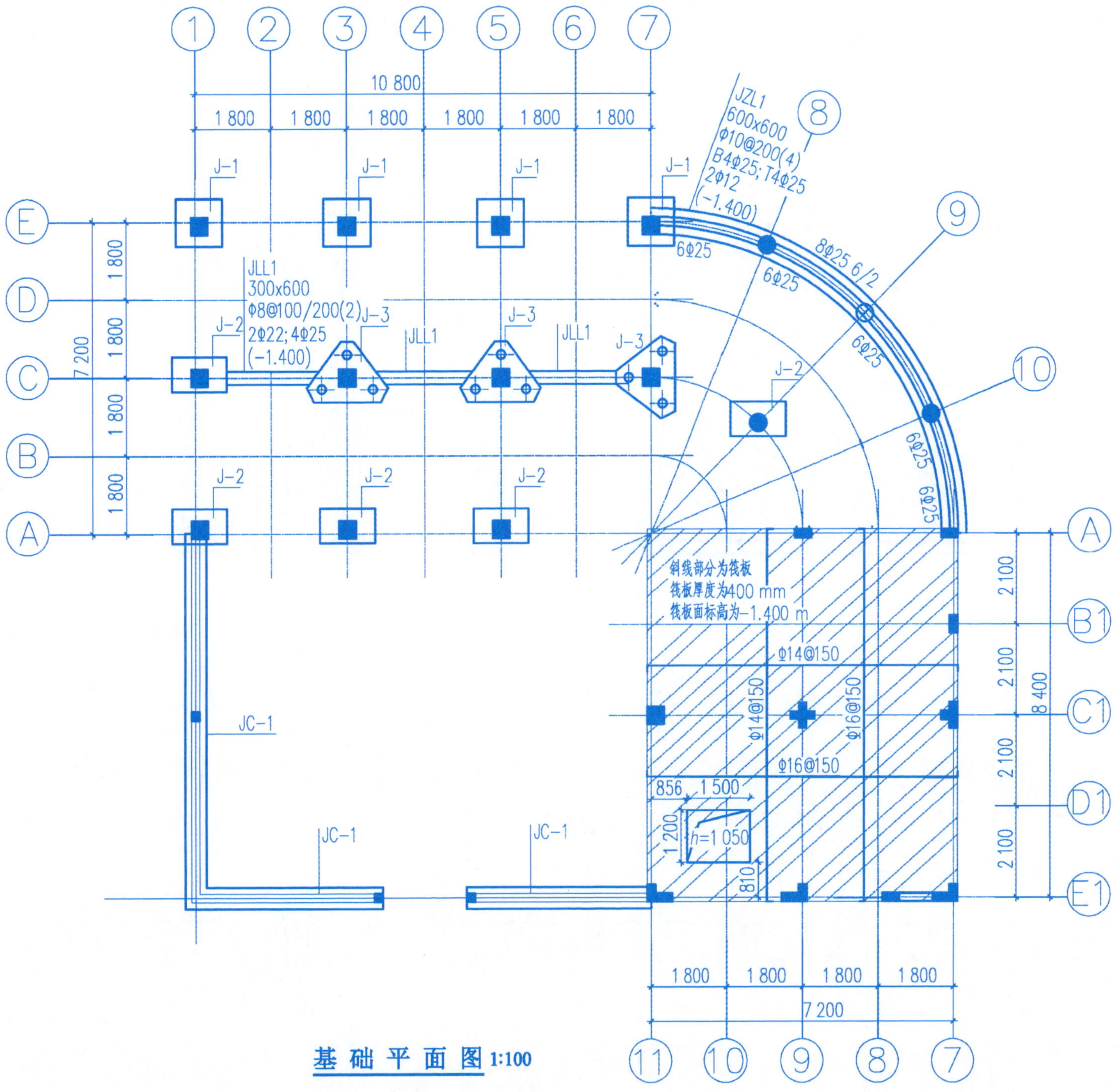

1. 某框架-剪力墙结构基础施工图如图所示，试回答下列问题：

(1)指出图中标注不正确的地方。

(2)基础平面图中有哪几种类型的基础？

(3)筏板基础的厚度是多少？筏板基础表面的标高是多少？筏板基础中有哪几种类型的钢筋？

(4)基础平面图中JLL1代表什么含义？下面图示内容中各符号代表什么含义？试绘出JLL1的断面图。

JLL1
300x600
Φ8@100/200(2)
2Φ22;4Φ25
(-1.400)

(5)圆弧形JZL1代表什么含义？下面图示内容中各符号代表什么含义？试绘出JZL1的断面图。

JZL1
600x600
Φ10@200(4)
B4Φ25;T4Φ25
2Φ12
(-1.400)

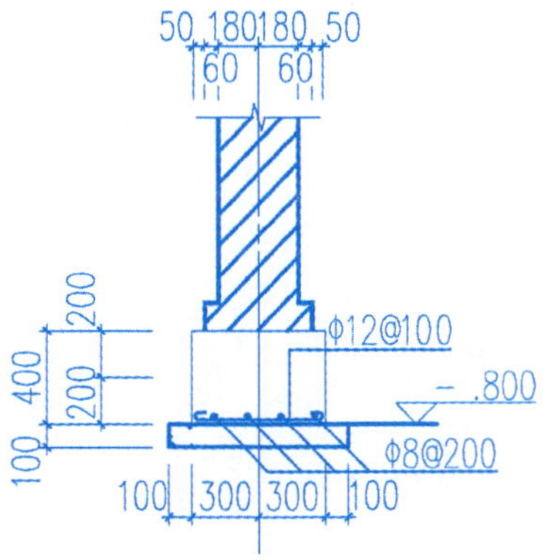

JC-1 1:30

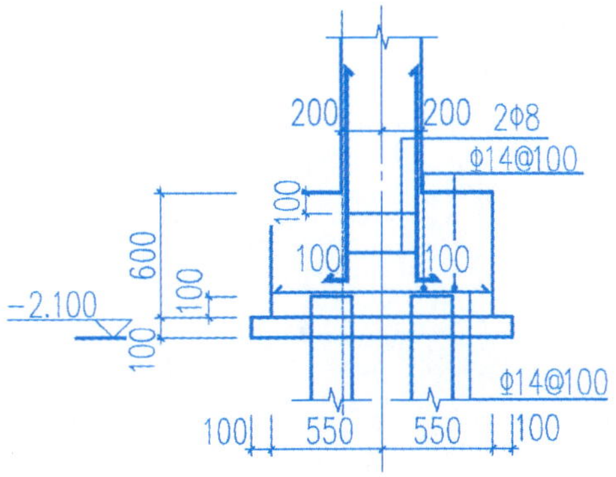

1-1 1:30

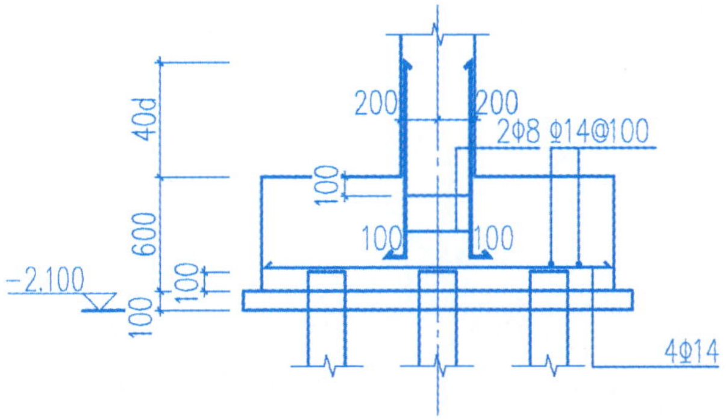

3-3 1:30

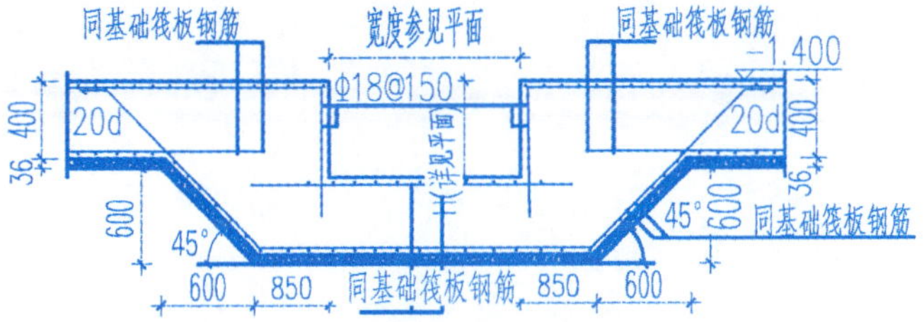

集水井剖面 1:25

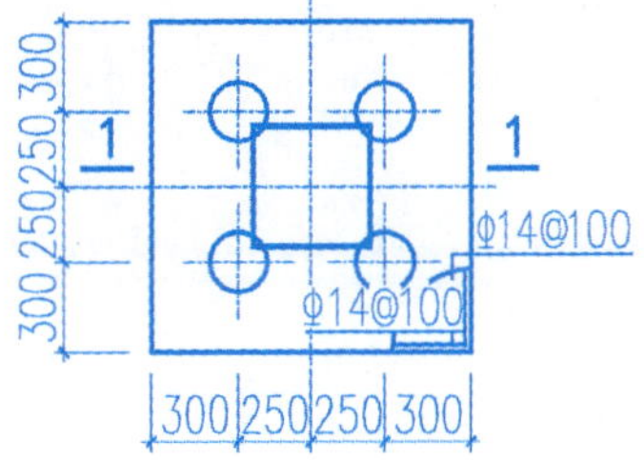

J-1 1:30

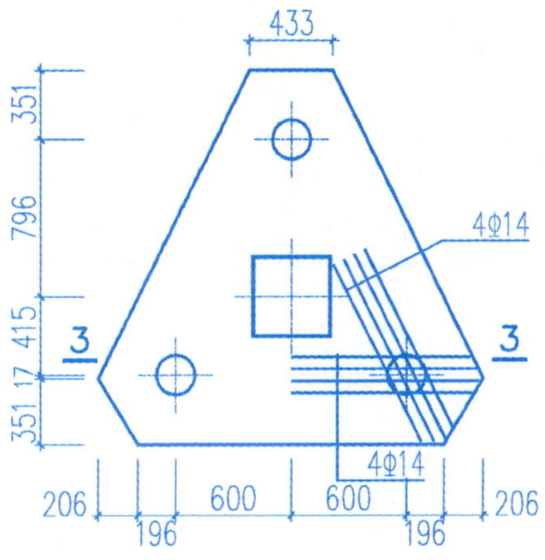

J-3 1:30

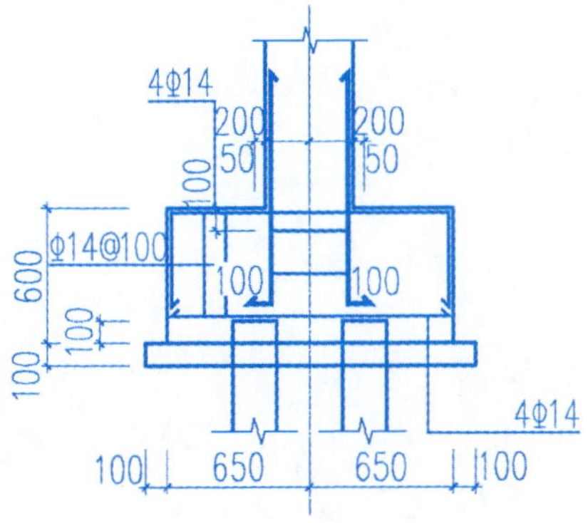

2-2 1:30

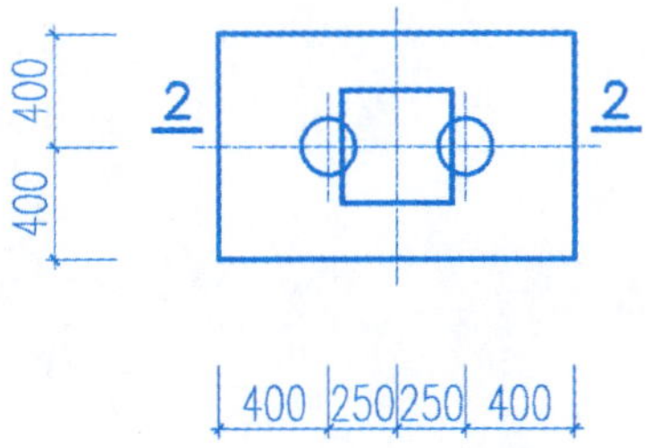

J-2 1:30

(6)如下图所示内容,JZL1 上边和下边的数字和钢筋符号各代表什么含义?

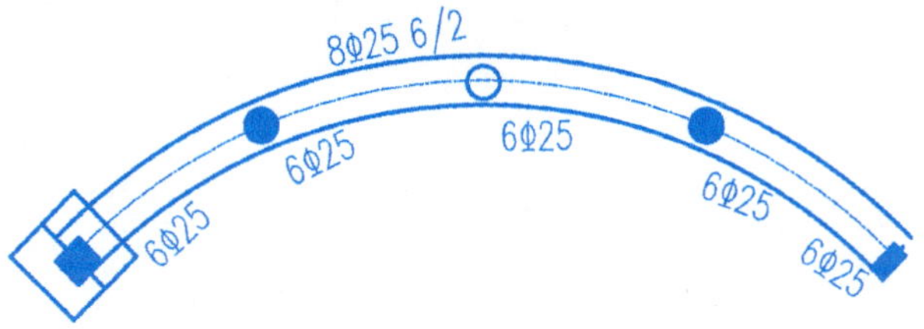

(7)筏板基础中长度 1 500 mm、宽度 1 200 mm、深度 1 050 mm 的部分代表什么含义?其详图的配筋如何?

(8)根据基础详图,指出 JC-1 的断面尺寸和断面配筋各是什么?基底标高是多少?

(9)J-1、J-2、J-3 的长度、宽度和高度尺寸各是多少?基础底板的配筋各是什么?试绘出基础底板的平面布筋情况。

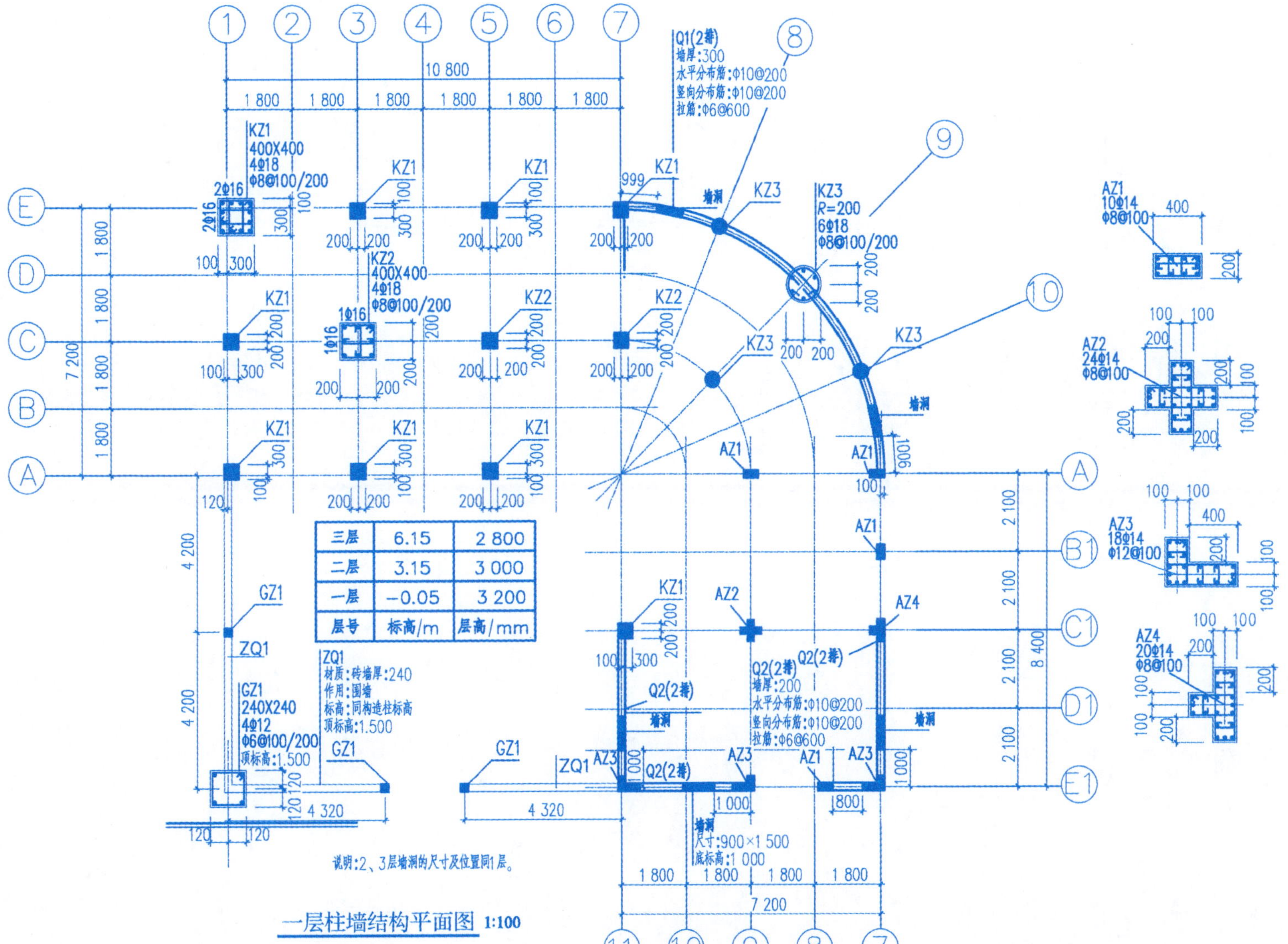

一层柱墙结构平面图 1:100

2. 某框架-剪力墙结构一层柱墙结构平面图如图所示，试回答下列问题：

(1)指出图中标注不正确的地方。

(2)图中有哪几种类型的柱子和墙体?

(3)写出下图中 KZ2、KZ3、GZ1 的断面尺寸及各符号代表的含义。

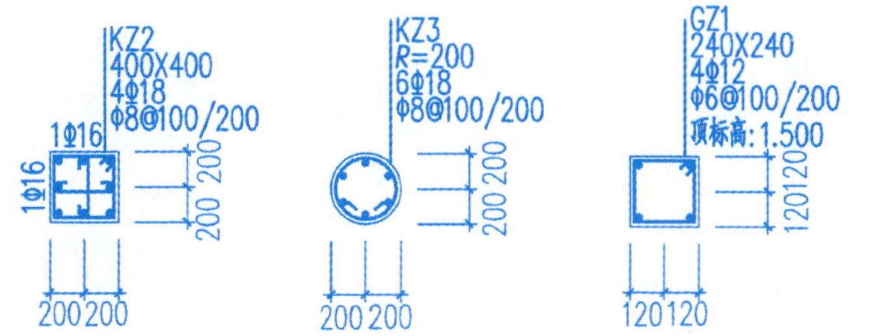

(4)写出图中 AZ1、AZ2、AZ3、AZ4 的断面尺寸及断面配筋情况。

(5)写出下图中墙体的类型，括号中的“2 排”代表什么？墙体中有哪几种类型的钢筋？墙洞的尺寸是多少？洞底的标高是多少？试绘出墙体的配筋断面图。

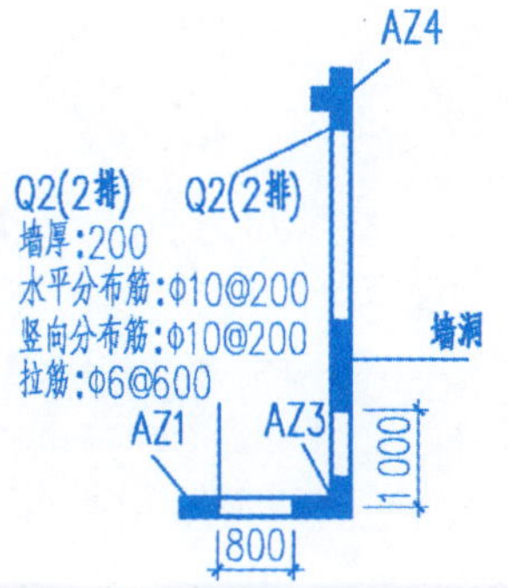

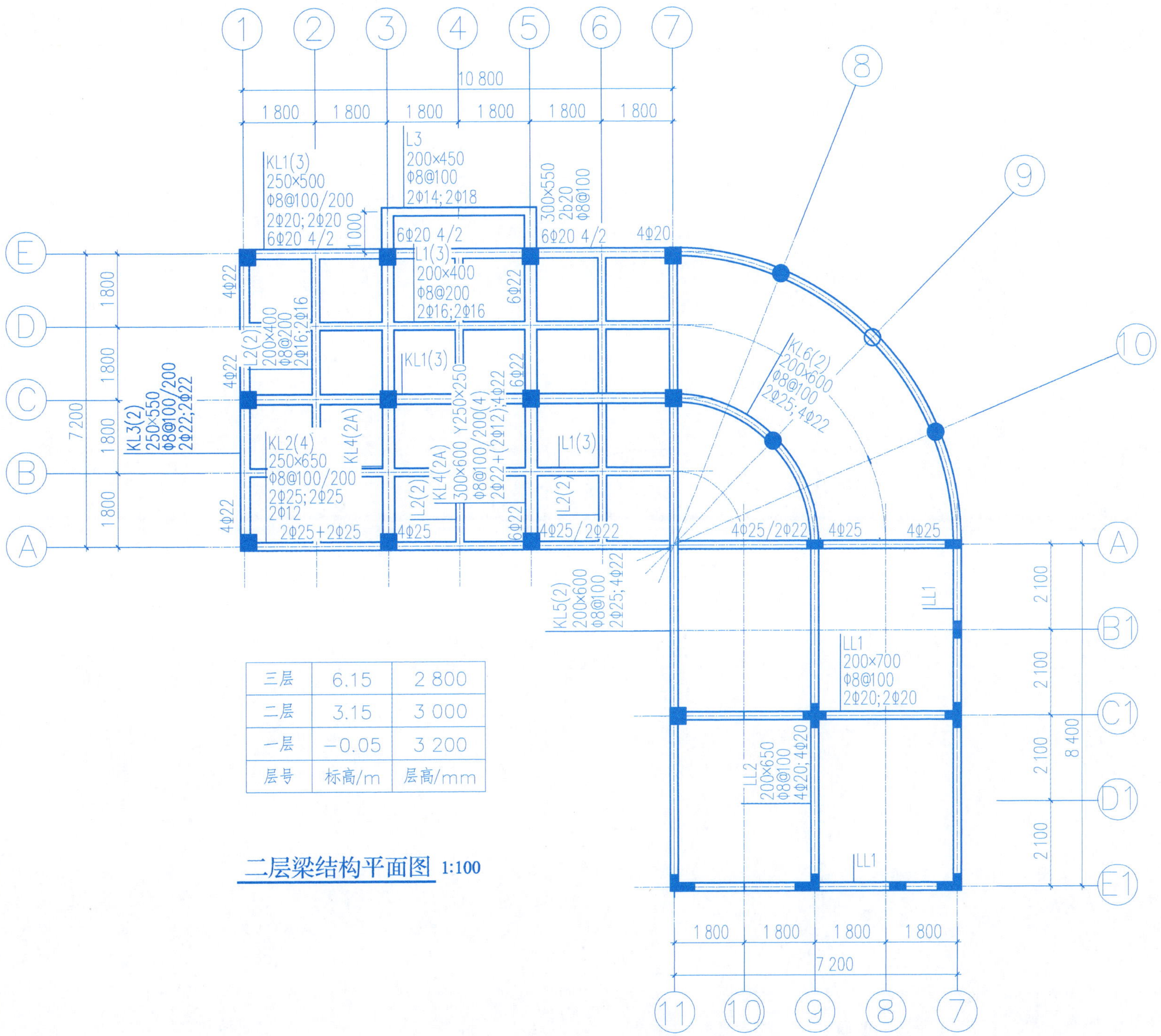

三层	6.15	2 800
二层	3.15	3 000
一层	−0.05	3 200
层号	标高/m	层高/mm

二层梁结构平面图 1:100

3. 某框架-剪力墙结构二层梁结构平面图如图所示，试回答下列问题：

(1)指出图中标注不正确的地方。

(2)图中有哪几种类型的梁？

(3)写出 2 轴线 L2(2)中集中标注各符号代表的含义。

(4)下图所示内容为 5 轴线集中标注的内容，其中 KL4(2A)代表什么含义？300×600 Y250×250 代表什么含义？φ8@100/200(4)代表什么含义？2φ22＋(2φ12)；4φ22 代表什么含义？试绘出 KL4(2A)的断面配筋图和立面配筋图。

KL4(2A)
300×600 Y250×250
Φ8@100/200(4)
2Φ22+(2Φ12);4Φ22

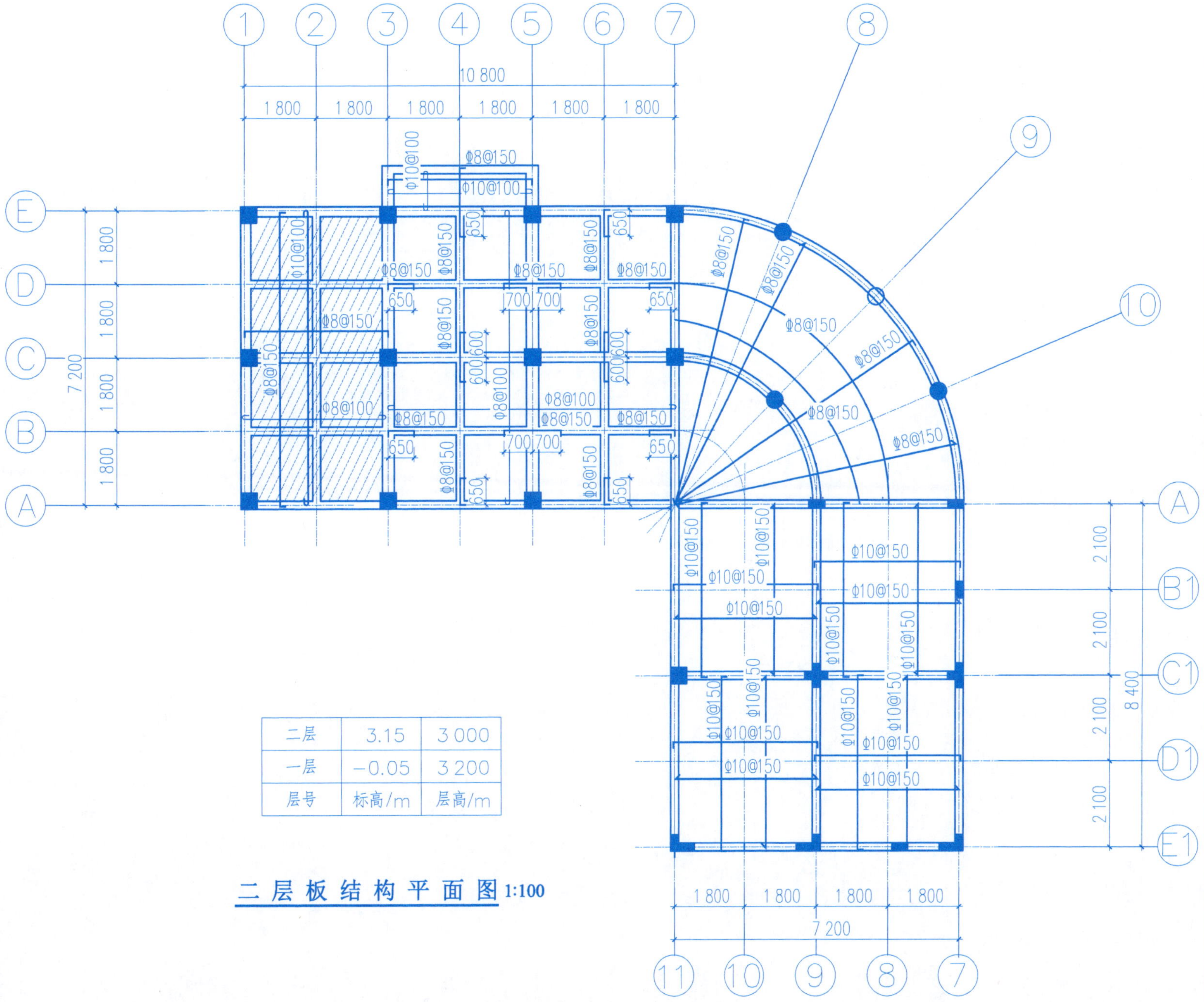

二层	3.15	3 000
一层	−0.05	3 200
层号	标高/m	层高/m

二层板结构平面图 1:100

4. 某框架-剪力墙结构二层板结构平面图如图所示，试回答下列问题：

(1)指出图中标注不正确的地方。

(2)该层板包括哪几个板块？

(3)1～3轴与A～E轴板块共有哪几种类型的钢筋？板的下部钢筋和上部钢筋各是什么？该板块有没有图中没有显示的钢筋内容？如有，请指出该种类型的钢筋是什么。

(4)圆弧形板块的下部钢筋和上部钢筋各是什么？

(5)试写出C1～E1轴板块板的下部钢筋和上部钢筋的类型，并绘出C1～E1轴板块纵向板和横向板的断面配筋情况。

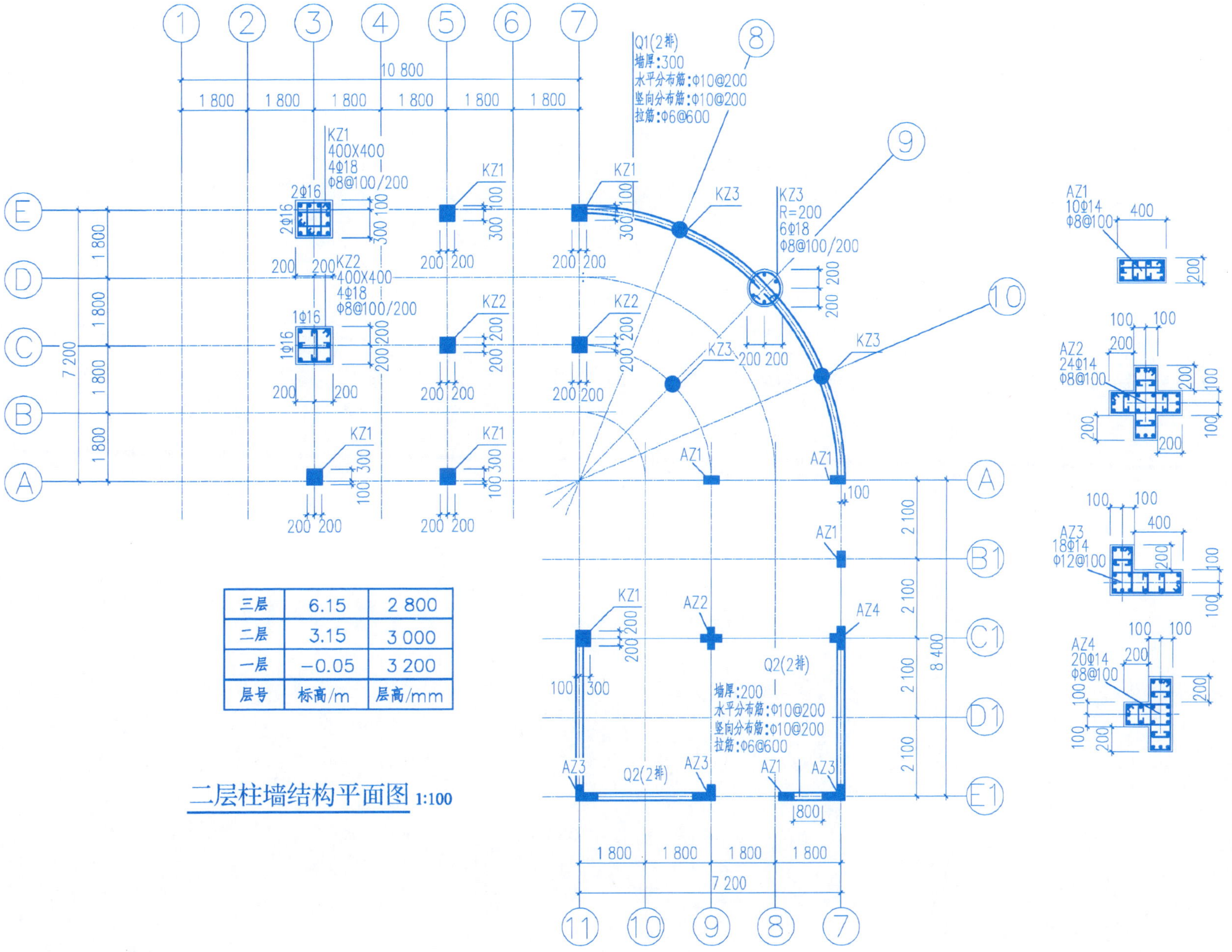

三层	6.15	2 800
二层	3.15	3 000
一层	−0.05	3 200
层号	标高/m	层高/mm

二层柱墙结构平面图 1:100

5.某框架-剪力墙结构二层柱墙结构平面图如图所示，试回答下列问题：

(1)指出图中标注不正确的地方。

(2)二层柱墙结构平面图与一层柱墙结构平面图有什么不同的地方？

(3)按标准线型要求，抄绘 AZ1、AZ2、AZ3、AZ4 的断面配筋图，并标注必要的尺寸。

(4)试绘制 E1 轴墙段的轴测图(种类自行选择)，平面和高度方向尺寸从图中直接读取。

6. 某框架-剪力墙结构三层梁、板、柱墙，屋面梁、板的结构平面图如图所示，试按照规定的线型绘制其结构施工图。

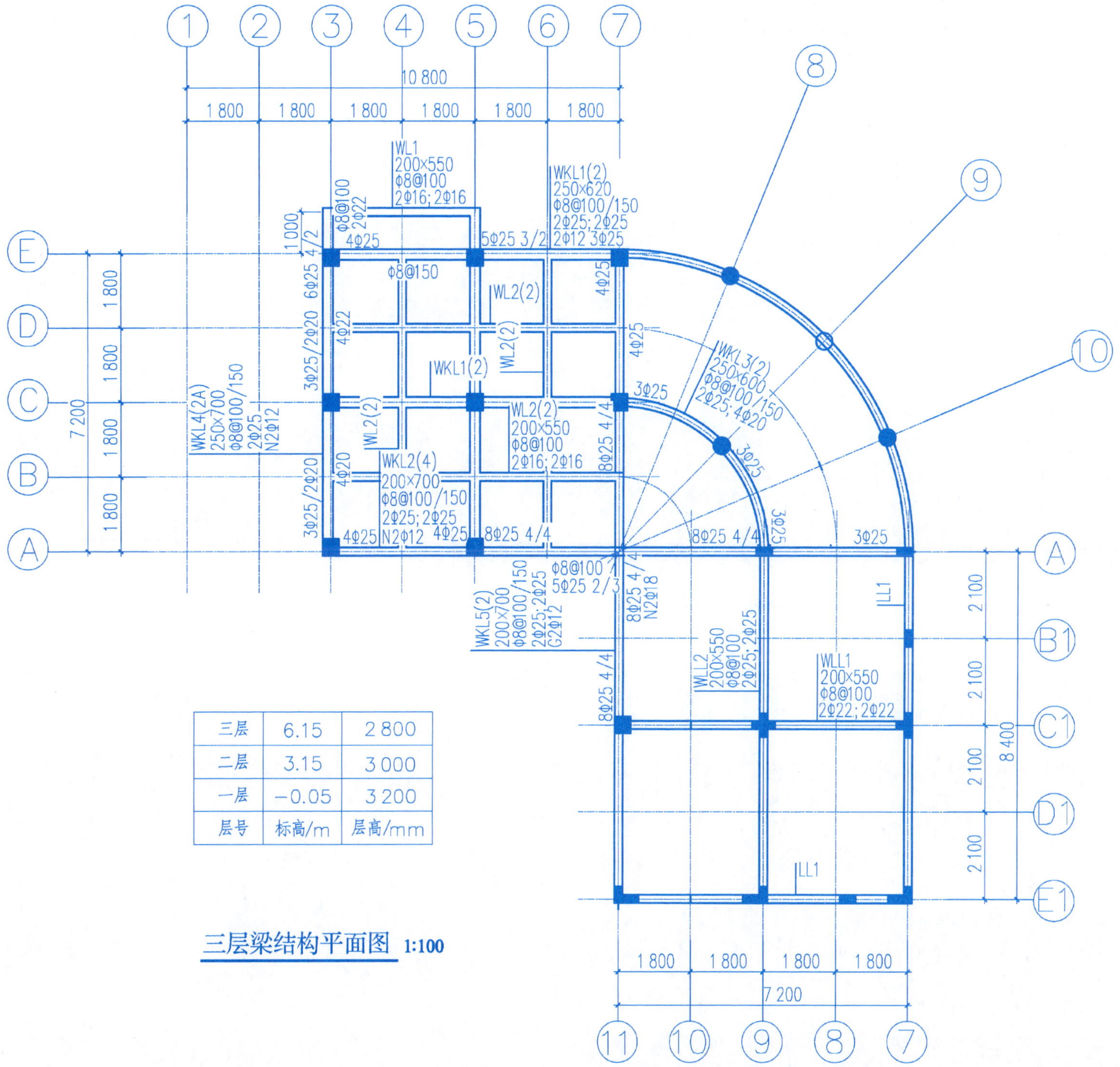

三层	6.15	2 800
二层	3.15	3 000
一层	−0.05	3 200
层号	标高/m	层高/mm

三层梁结构平面图 1:100

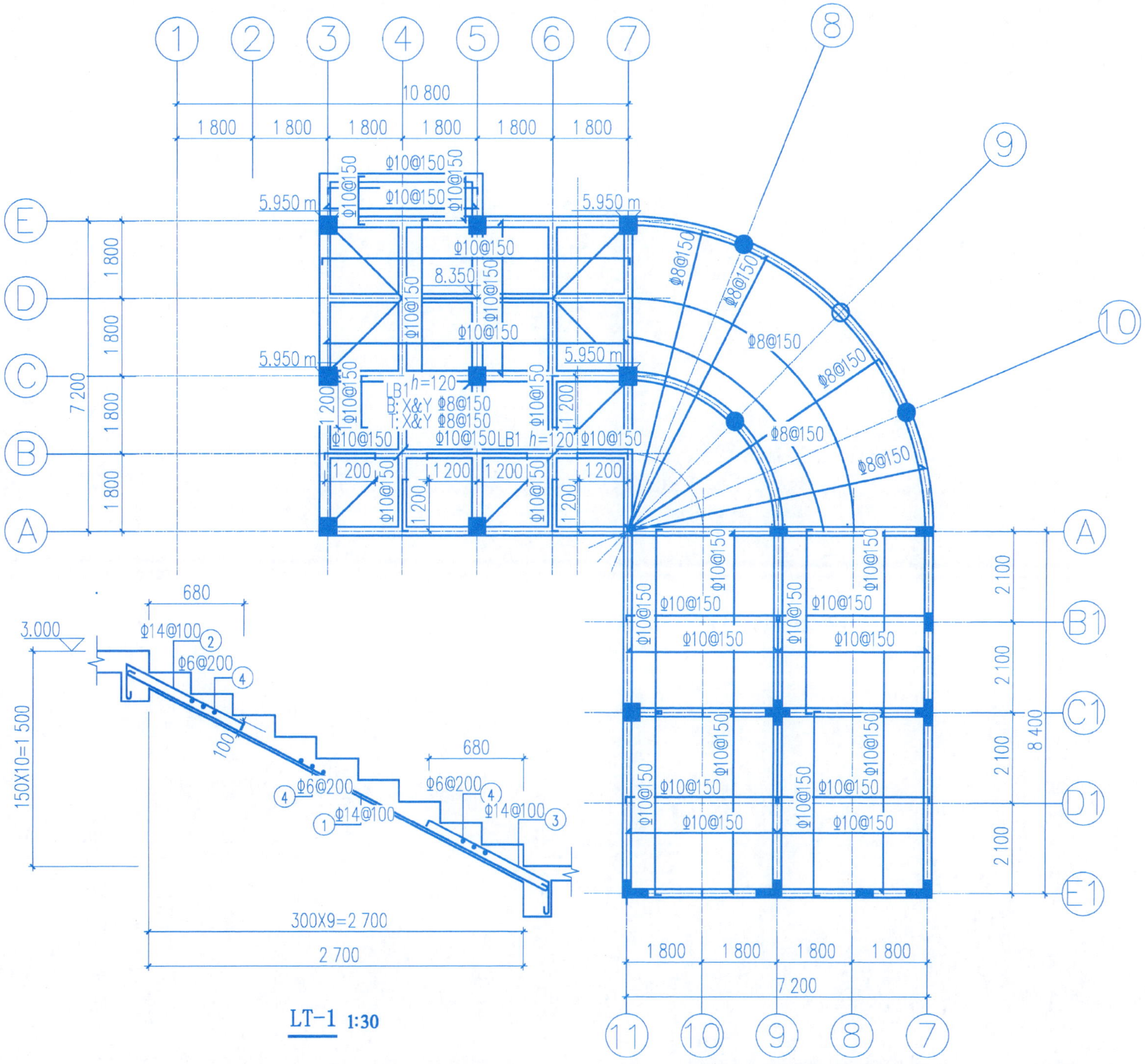

LT-1 1:30

三层板结构平面图 1:100

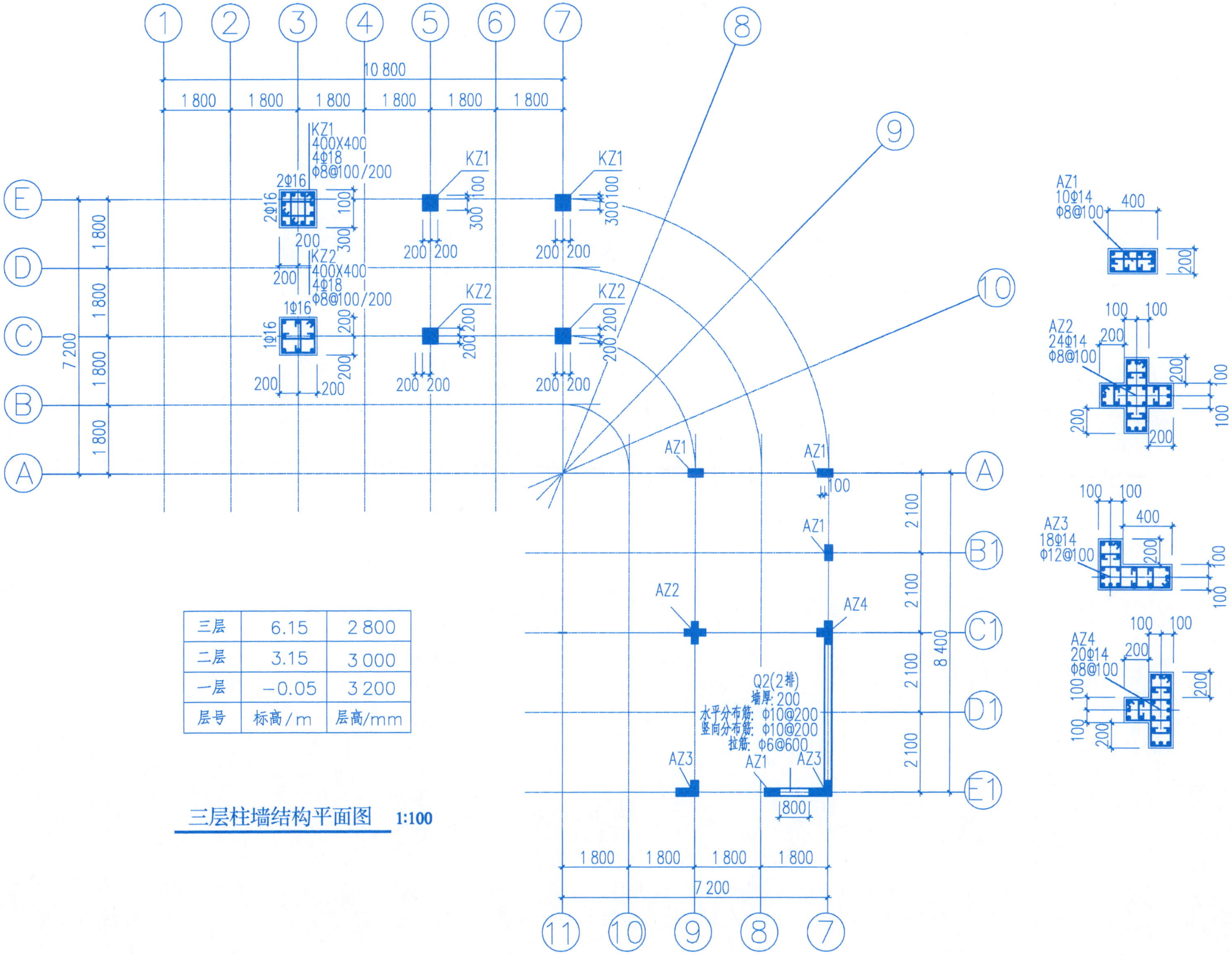

三层	6.15	2 800
二层	3.15	3 000
一层	−0.05	3 200
层号	标高/m	层高/mm

三层柱墙结构平面图 1:100

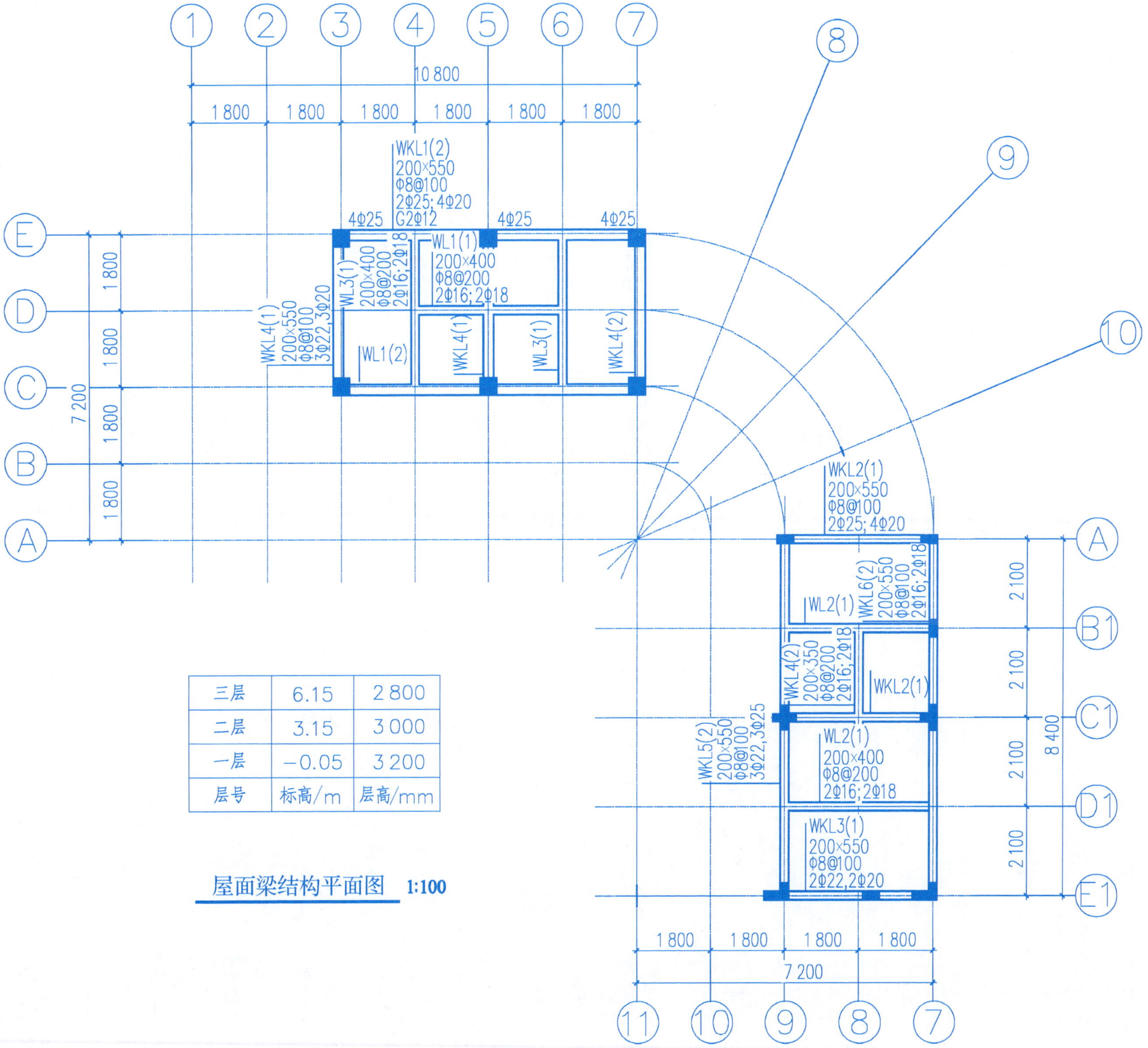

三层	6.15	2 800
二层	3.15	3 000
一层	−0.05	3 200
层号	标高/m	层高/mm

屋面梁结构平面图　1:100

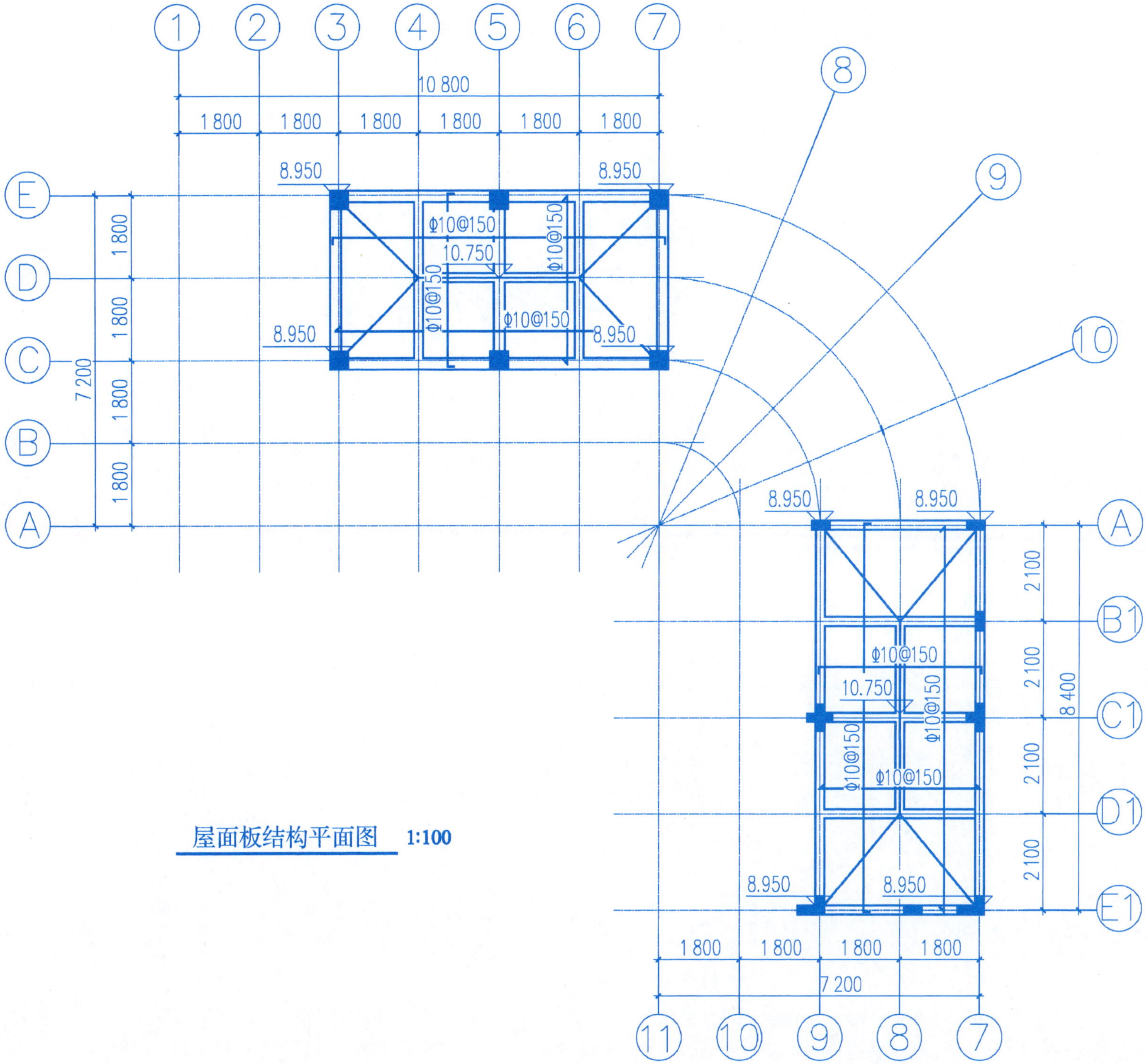

屋面板结构平面图 1:100

7. 某框架结构施工图如图所示，将图中标注不规范或错误的地方圈出，并在右侧空白处改正。

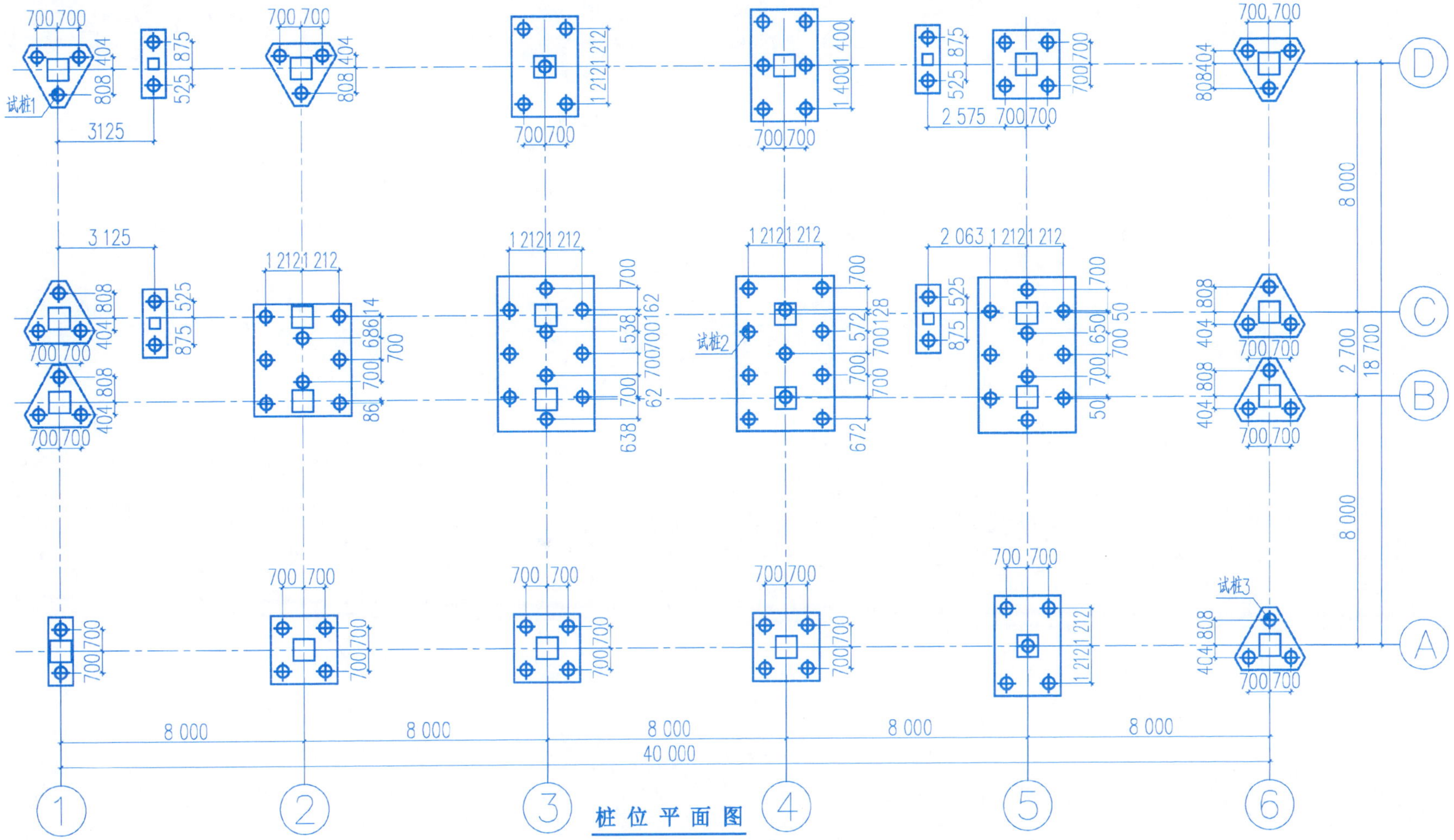

桩位平面图

说明：

1. 本工程桩基依据上海市某公司提供的地质勘查报告进行设计。
2. 本工程±0.000 相当于绝对标高 5.050 m，室内外高差 450 mm。
3. 本工程桩数共 105 根，其中工程桩 102 根，试桩 3 根。
   采用焊接接桩，桩尖选用开口型钢桩尖，详见图集《预应力混凝土管桩》(03SG409)中的静压预应力混凝土管桩。工程桩采用 PHC-A400(95)-28b，桩顶标高为−1.900 m（绝对标高 3.150 m）。
   单桩竖向承载力设计值为 900 kN，试桩采用 PHC-A400(95)-30b。
   桩顶标高为 0.100 m（绝对标高 5.150 m），试桩兼做工程桩，试桩可以采用压桩机加载。
   单桩竖向抗压试桩要求：R_k=1 600 kN。
4. 图例：
   ⊕——Φ400PHC 管桩工程桩；⊕——Φ400PHC 管桩试桩
5. 遇到明暗浜或其他不良土质时，应先清除淤泥，用砂石（石占 30%）换填处理至基底设计标高后再打桩，基底以上覆土填实. 换填压实系数不小于 0.94。
6. 为了切实保证预制桩达到设计要求，桩基施工应选择有经验、有实力的施工单位，并严格按照现行规范控制桩位平面偏差，施工时应特别保证桩的垂直度及接桩的焊接质量。接桩及沉桩均应按图集要求进行。
7. 所有桩均应做好沉桩记录，打桩结束后应向设计单位提供桩位竣工图。
8. 沉桩应以桩尖标高控制为主，若发现沉桩困难，应及时通知设计单位。
9. 桩基施工前应合理安排压桩流程，控制压桩速度，采取必要的隔震措施，避免对周围市政管网及建筑产生不良影响。为保证沉桩顺利，施工单位应尽量选择大吨位的压桩机，并在正式沉桩施工前报监理、业主及设计单位通过。
10. 应配合使用桩位图与建筑总平面图进行施工，放线后经甲方、施工单位和监理单位校核无误后方可施压。整个桩基工程应加强监理，确保质量。
11. 应加强对桩身质量的检查，凡桩身存在裂缝、垂直度有偏差、露筋等情况，均应做废桩处理。
12. 桩基工程未经验收，不能进行基础工程的施工。
13. 本桩位图出图时尚未进行试桩，待试桩报告提出后有可能对部分桩进行调整。
14. 桩基施工完成后应对 30% 的工程桩进行低应变瞬态无损动测，指定检测的缺陷桩不应计入随机抽取的比例内，待桩验收合格后方可进行基础施工。
15. 试桩采用慢速法，按《地基基础设计规范》(DGJ 08—11—2018)的要求进行试压，加载至单桩极限承载力标准值即停止，试桩后均需做工程桩使用。
16. 桩基低应变瞬态无损动测须做到至少一柱下一桩。
17. 预应力管桩桩顶锚入基础底板详图见标准图集 DBJT08—92—2000。

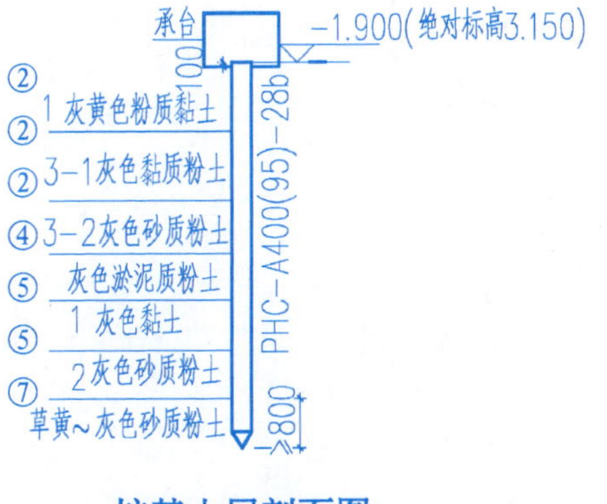

桩基土层剖面图

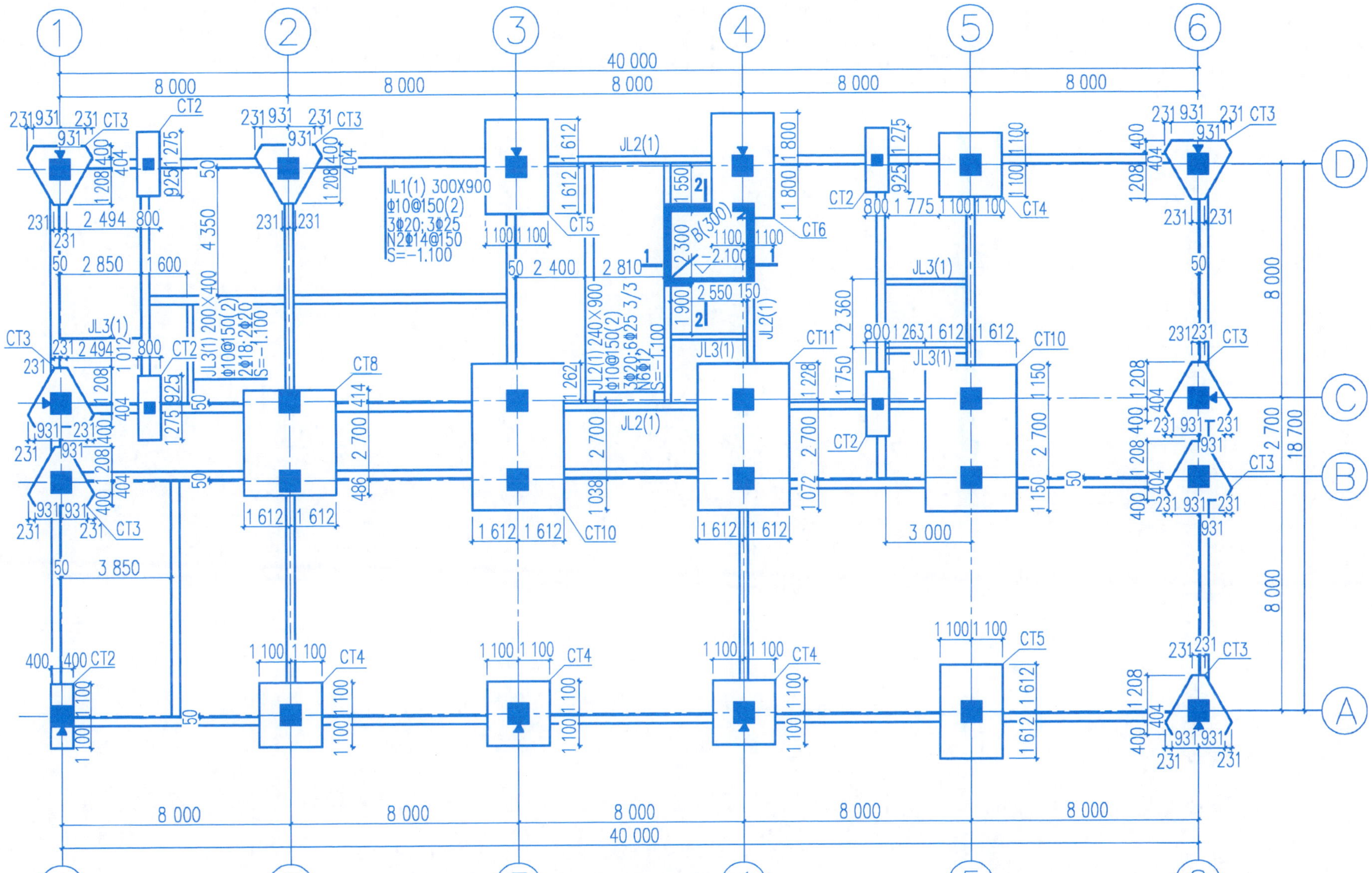

基础平面图

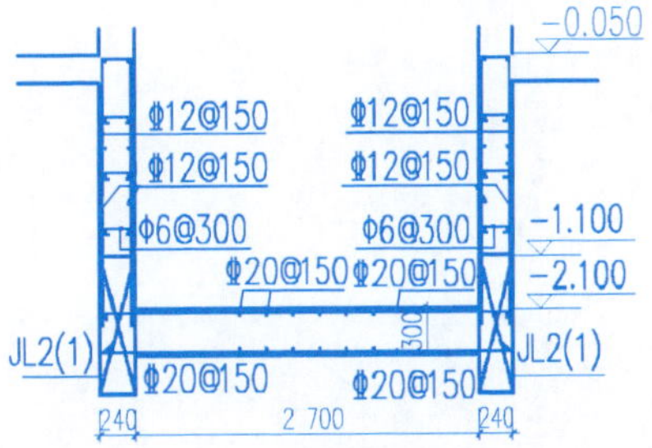

1-1
抗渗等级0.6 MPa

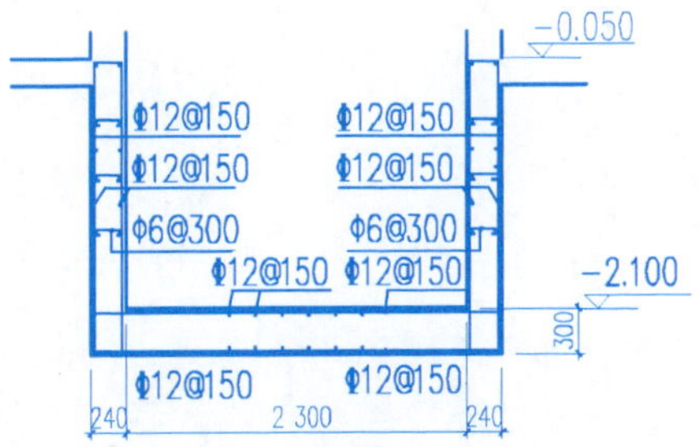

2-2
抗渗等级0.6 MPa

说明:
1. 混凝土强度等级C30，抗渗等级0.6 MPa。
2. 未注明承台定位尺寸轴线居中。
3. 承台配筋详见基础详图。
4. 未注明基础梁均为JL1；未注明基础梁均轴线居中或贴柱边平，钢筋锚入承台，梁面标高与承台面平。
5. ▲ 表示沉降观测点，共10个，做法详见总说明。
6. 电梯预埋件详见电梯土建安装图。

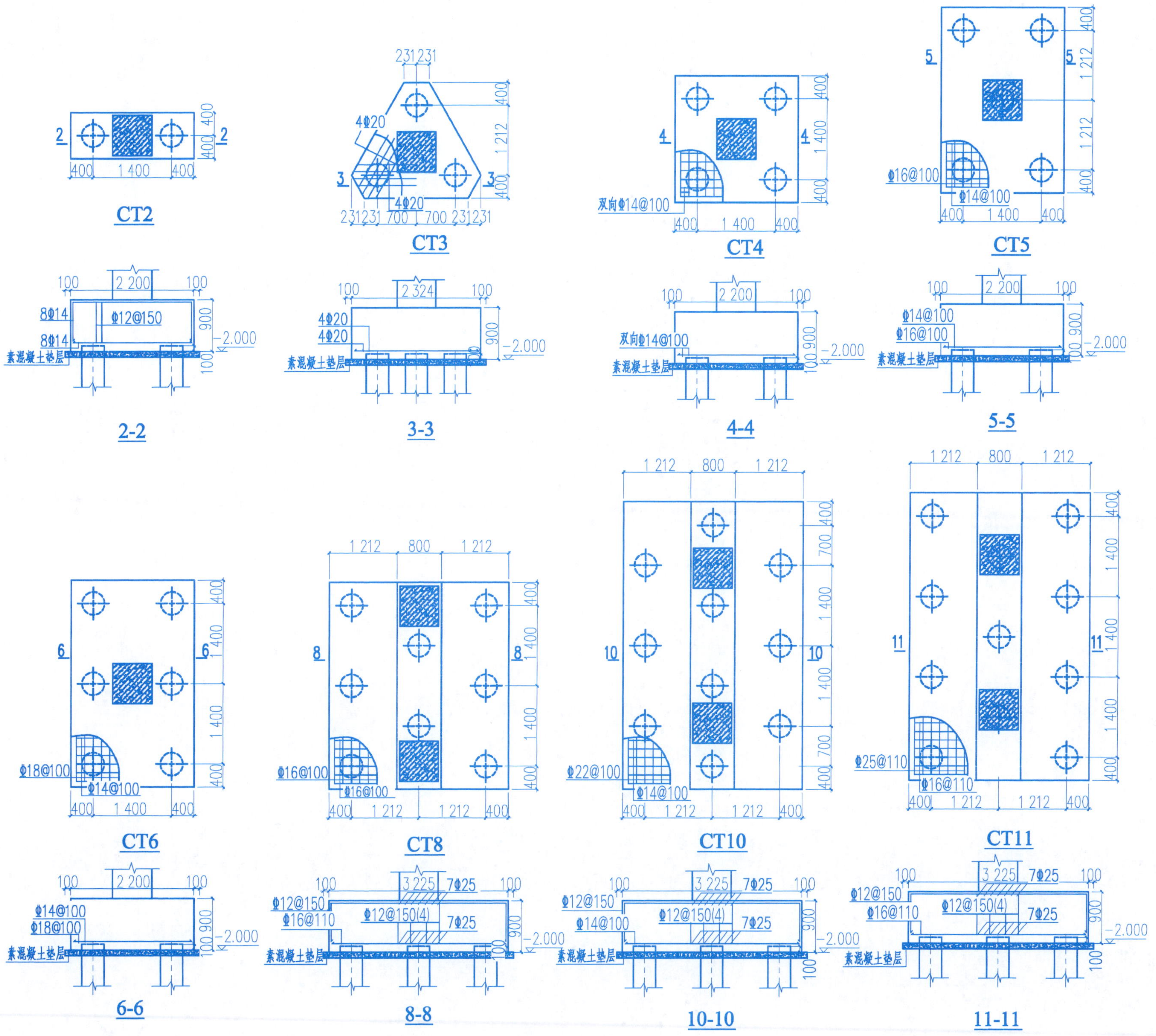
CT2
CT3
CT4
CT5
2-2
3-3
4-4
5-5
CT6
CT8
CT10
CT11
6-6
8-8
10-10
11-11
素混凝土垫层
双向Φ14@100
Φ16@100
Φ14@100
Φ18@100
Φ16@110
Φ22@100
Φ25@110
Φ12@150
Φ12@150(4)
7Φ25
8Φ14
4Φ20
−2.000

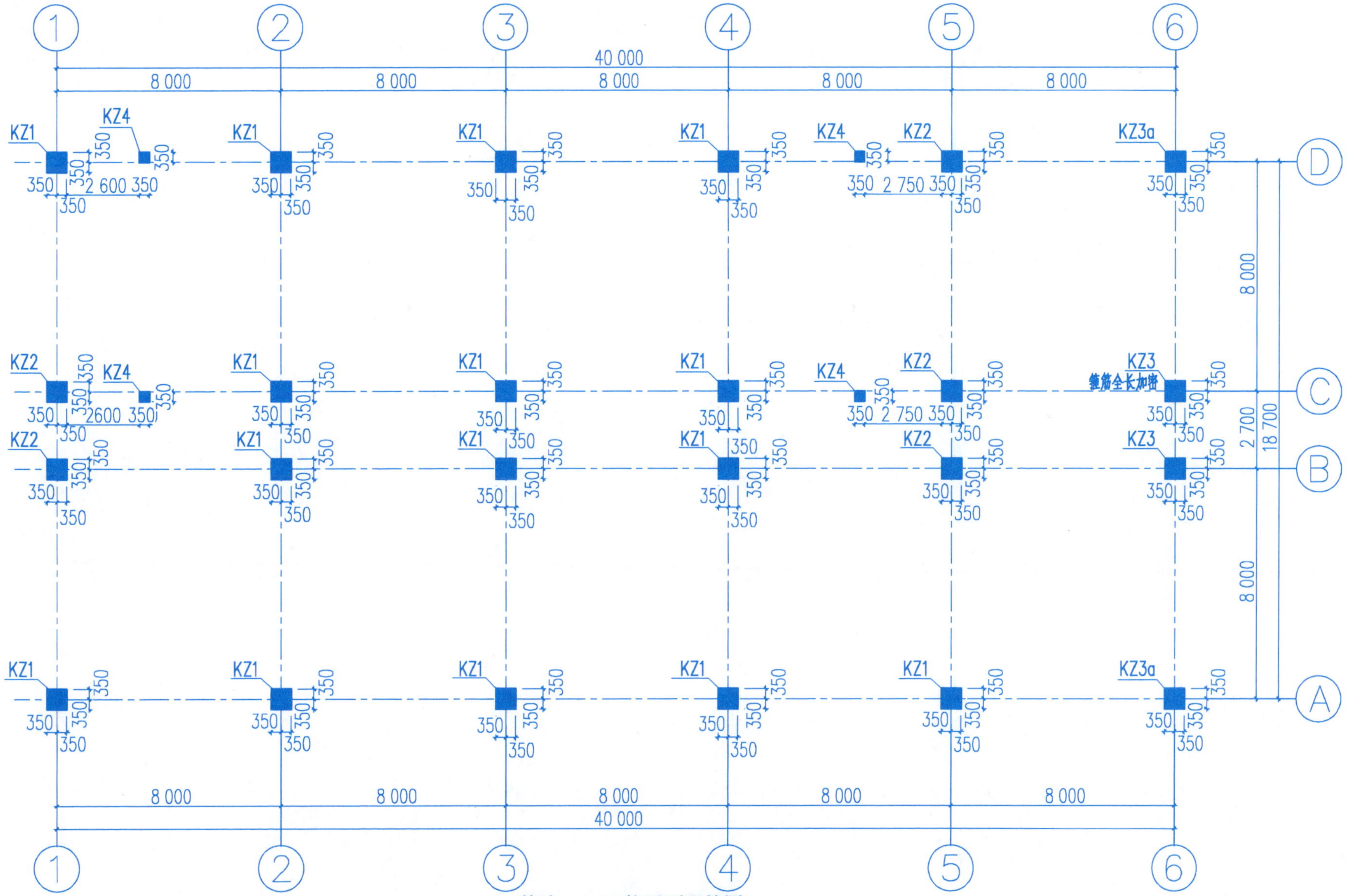

基础～4.450柱平面配筋图

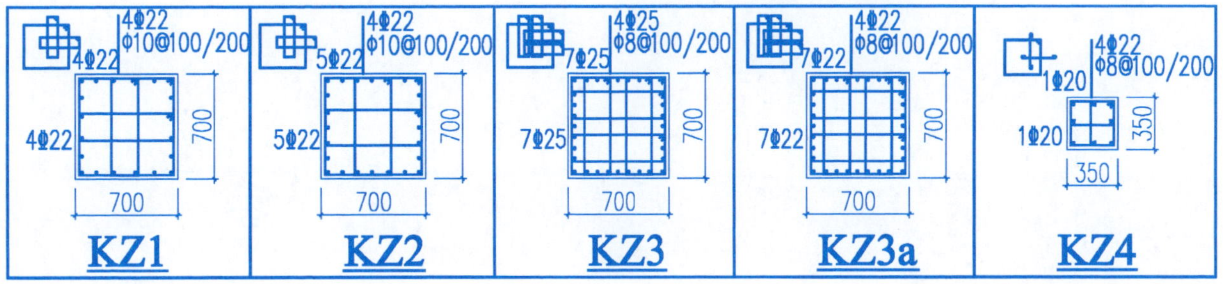

楼面标高/m	楼层	层高/m
23.100	屋顶层	
20.050	机房层	3.05
16.150	五层	3.9
12.250	四层	3.9
8.350	三层	3.9
4.450	二层	3.9
-0.050	一层	4.5

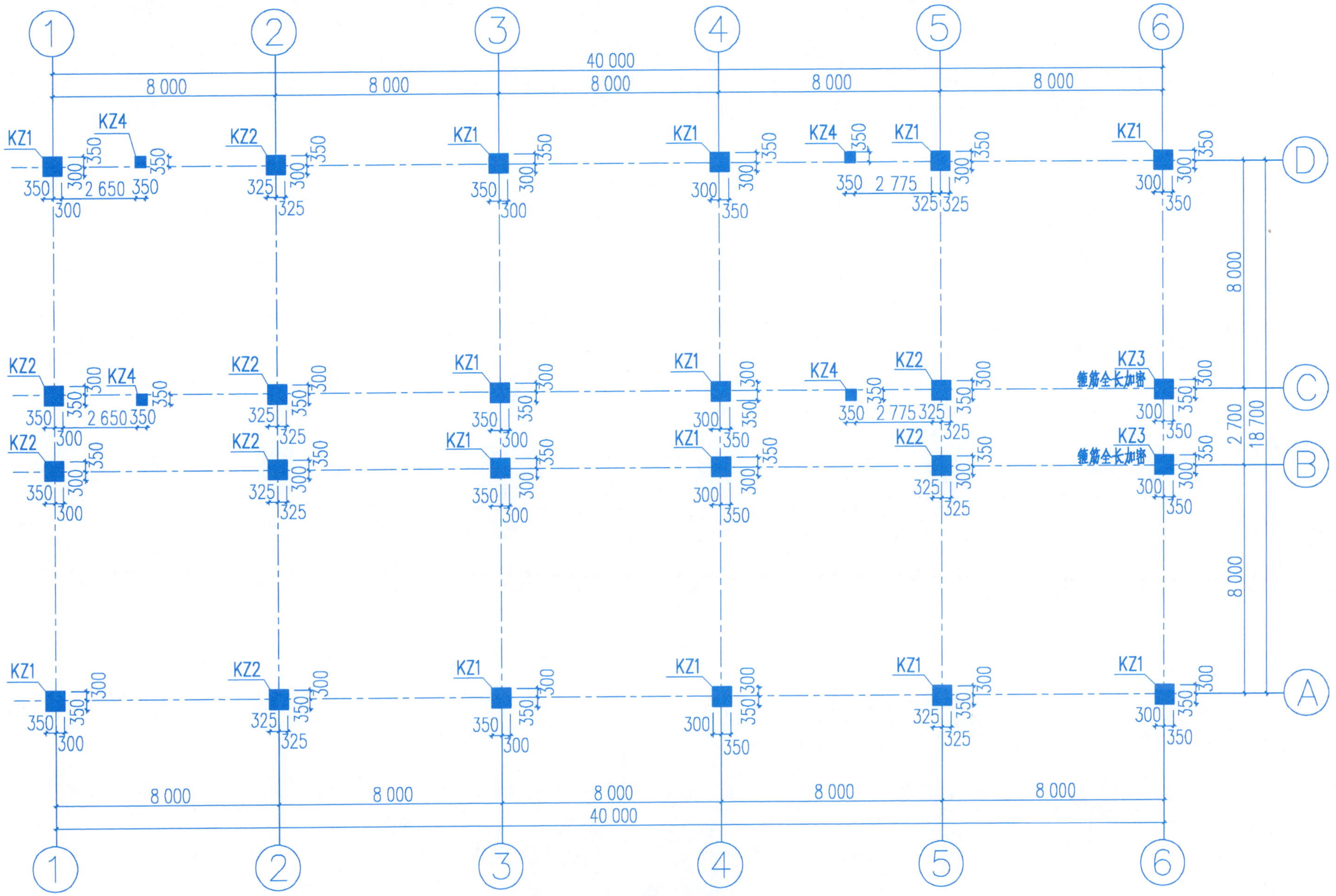

4.450~16.150柱平面配筋图

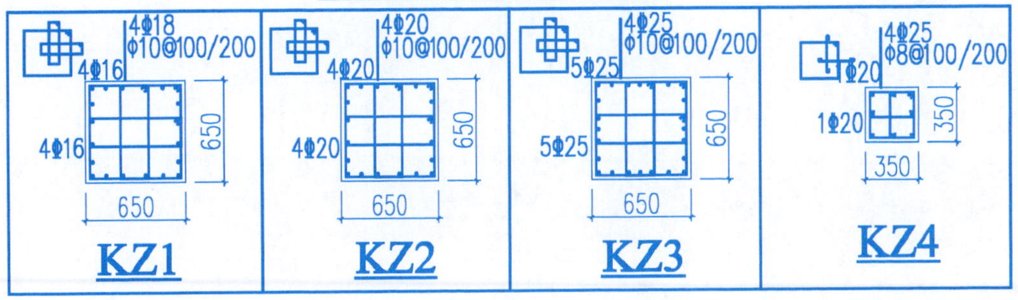

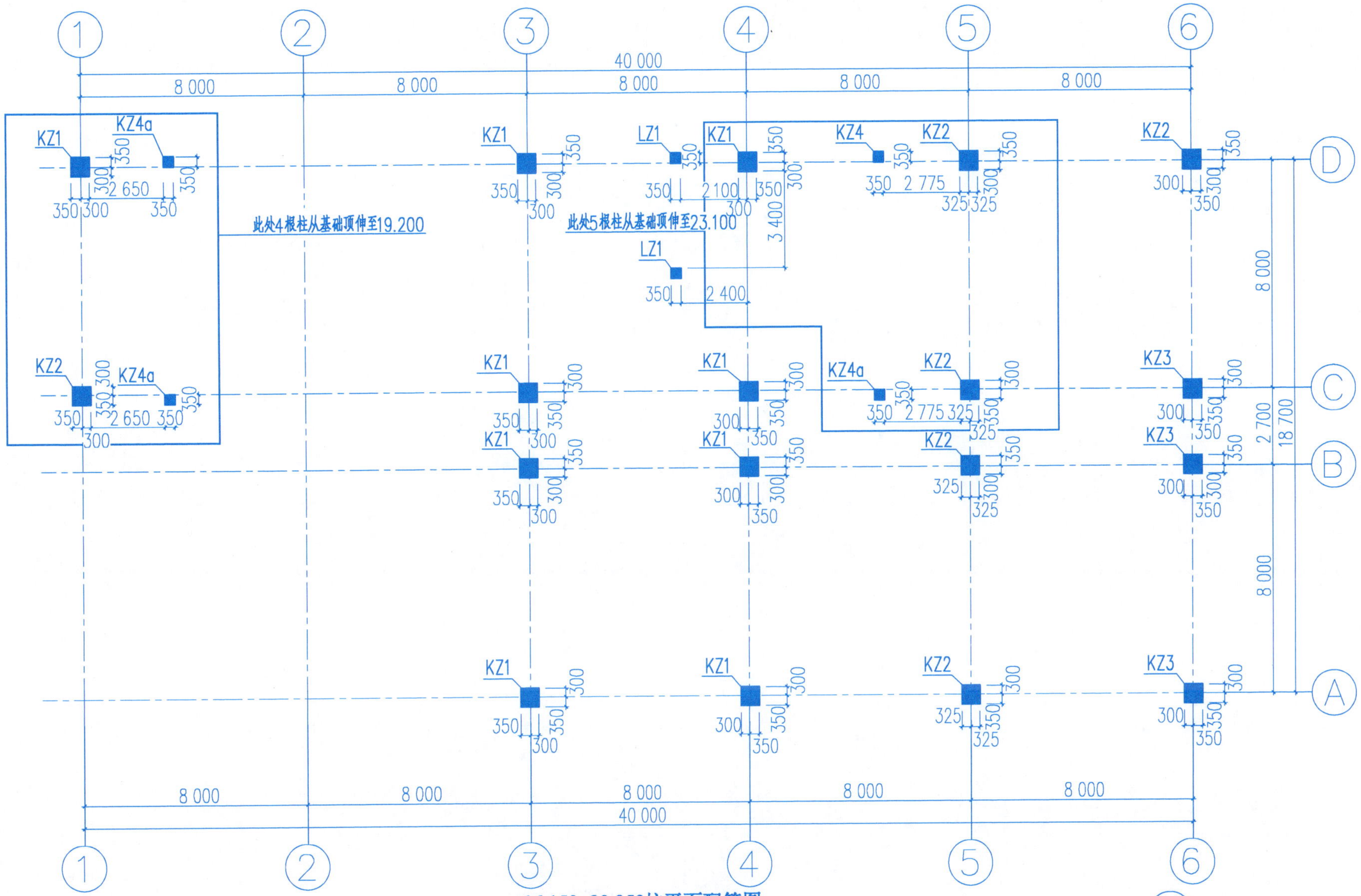

16.150~20.050柱平面配筋图

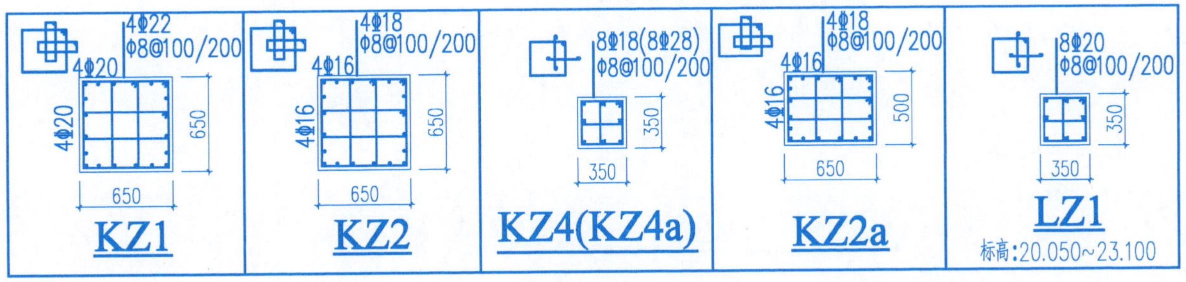

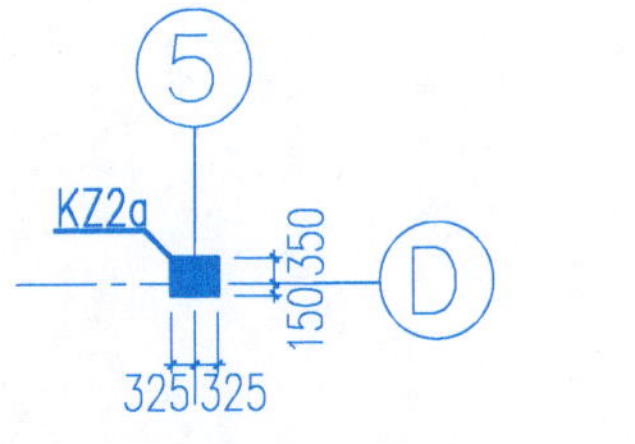

20.050~23.100柱平面局部配筋图

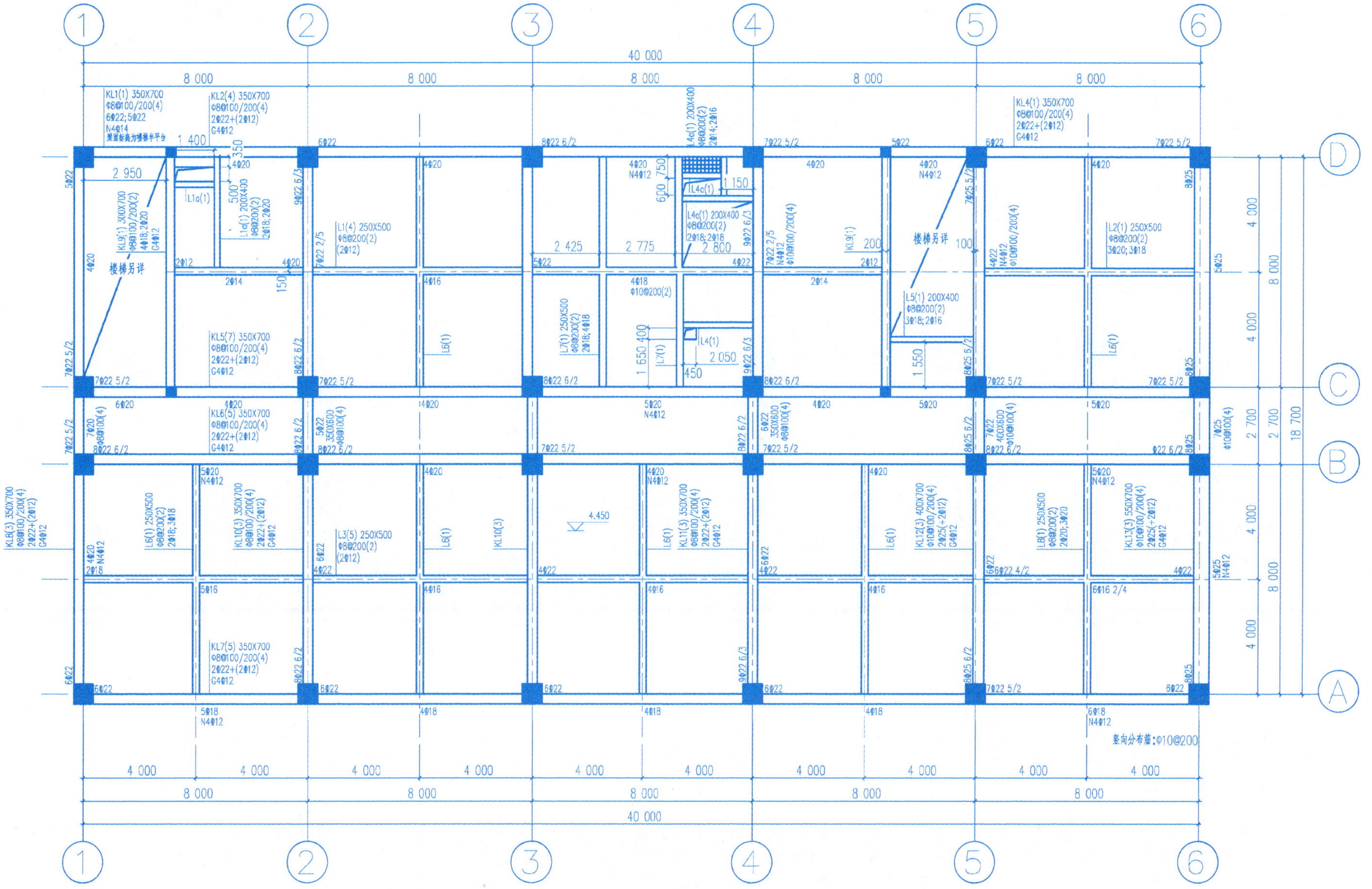

二层梁配筋图 4.450

说明：
1. 混凝土强度等级:C30。
2. 梁平面表示法见图集 16G101—1。
3. 未注明梁顶标高同楼层标高。
4. 主、次梁节点范围应对主梁做吊筋和箍筋加强,详见结构总说明。
5. 未标注梁定位为轴线居中,墙体位置或靠柱边。
6. 梁跨度大于 9 m,梁起拱,起拱度为 3/1 000,且小于 3 cm。
7. 板面开孔洞应征得设计单位同意,并按照完整的施工方案进行。
8. 所有设备管弄井的上人孔,除暖通管弄井开洞外,其余管弄井均预留钢筋,待设备安装完毕后浇筑混凝土。
后浇带▦钢筋不断,待管道安装完后浇筑混凝土。
9. 图中未标明给排水等设备管弄井,详见建筑图及相关设备图纸。
10. 板中钢筋应置于梁主筋上方。
11. 凡边长或直径不超过 150 mm 的洞均采用刚性套管预埋,定位详见各专业图纸。
12. 所有阳角均设置放射筋,详见结构总说明。
13. 在按本图施工时,应配合建筑及设备专业预留孔洞,孔洞边附加筋见结构总说明。未详之处定位详见建筑施工图。
14. 板面支座钢筋由于楼板高差不能拉通时,应将支座钢筋锚入梁内,且应满足锚固长度的要求。
15. 若需采用混凝土填至建筑标高,则应采用泡沫混凝土。
16. 未注明楼板厚为 120 mm,板中未注明分布钢筋均为Φ7@150。
17. 未注明荷载均按国家现行《建筑结构荷载规范》执行。
18. 电梯间四角均设构造柱,平面位置详见建筑施工图,构造柱 200×200,内配 4Φ12、Φ8@200。
沿构造柱要设圈梁 200×350,内配 4Φ14、Φ8@200,梁面标高由电梯厂家定。

楼面标高/m	楼层	层高/m
23.100	屋顶层	
20.050	机房层	3.05
16.150	五层	3.9
12.250	四层	3.9
8.350	三层	3.9
4.450	二层	3.9
−0.050	一层	4.5

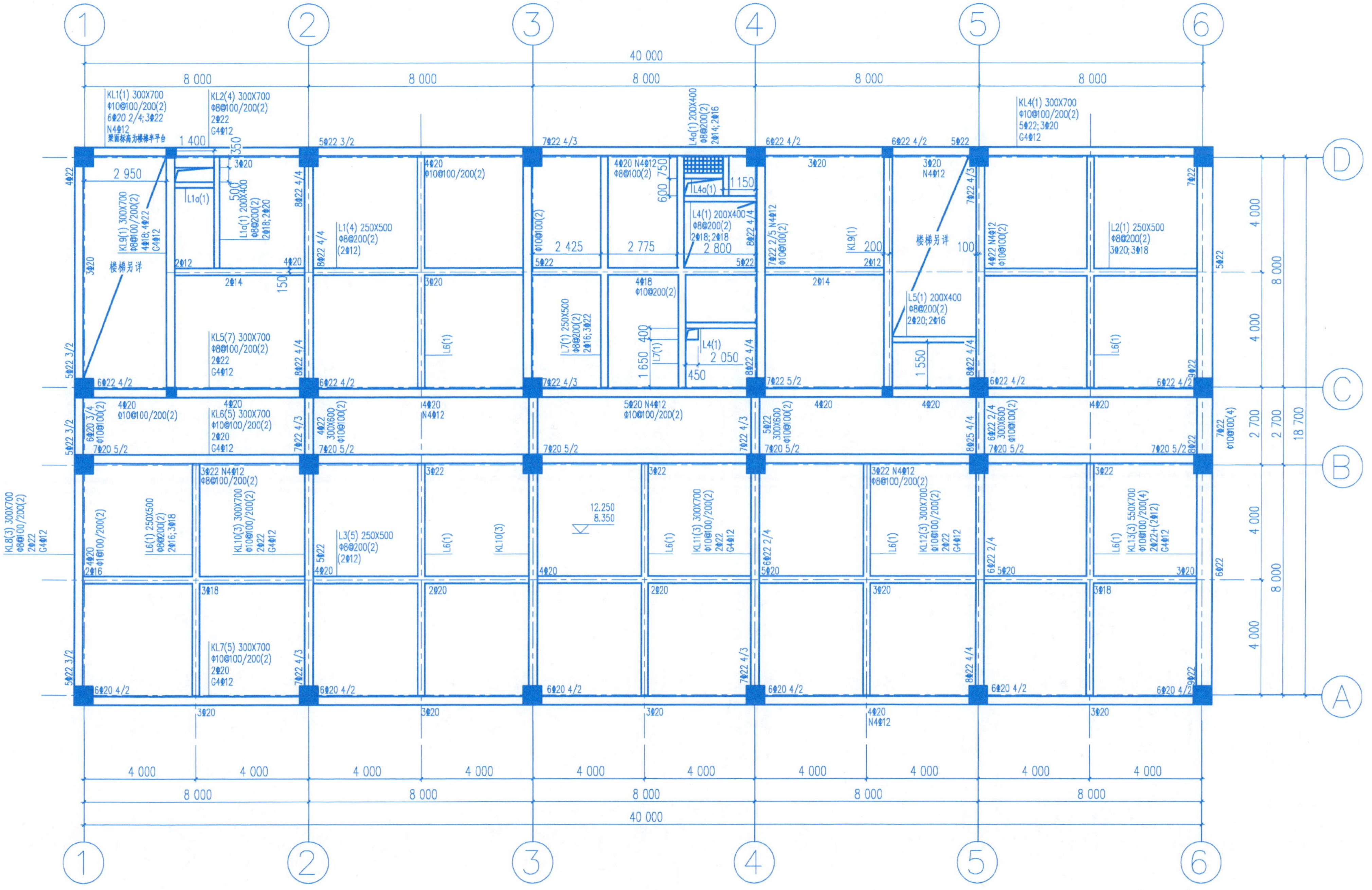

三～四层梁配筋图 12.250 8.350

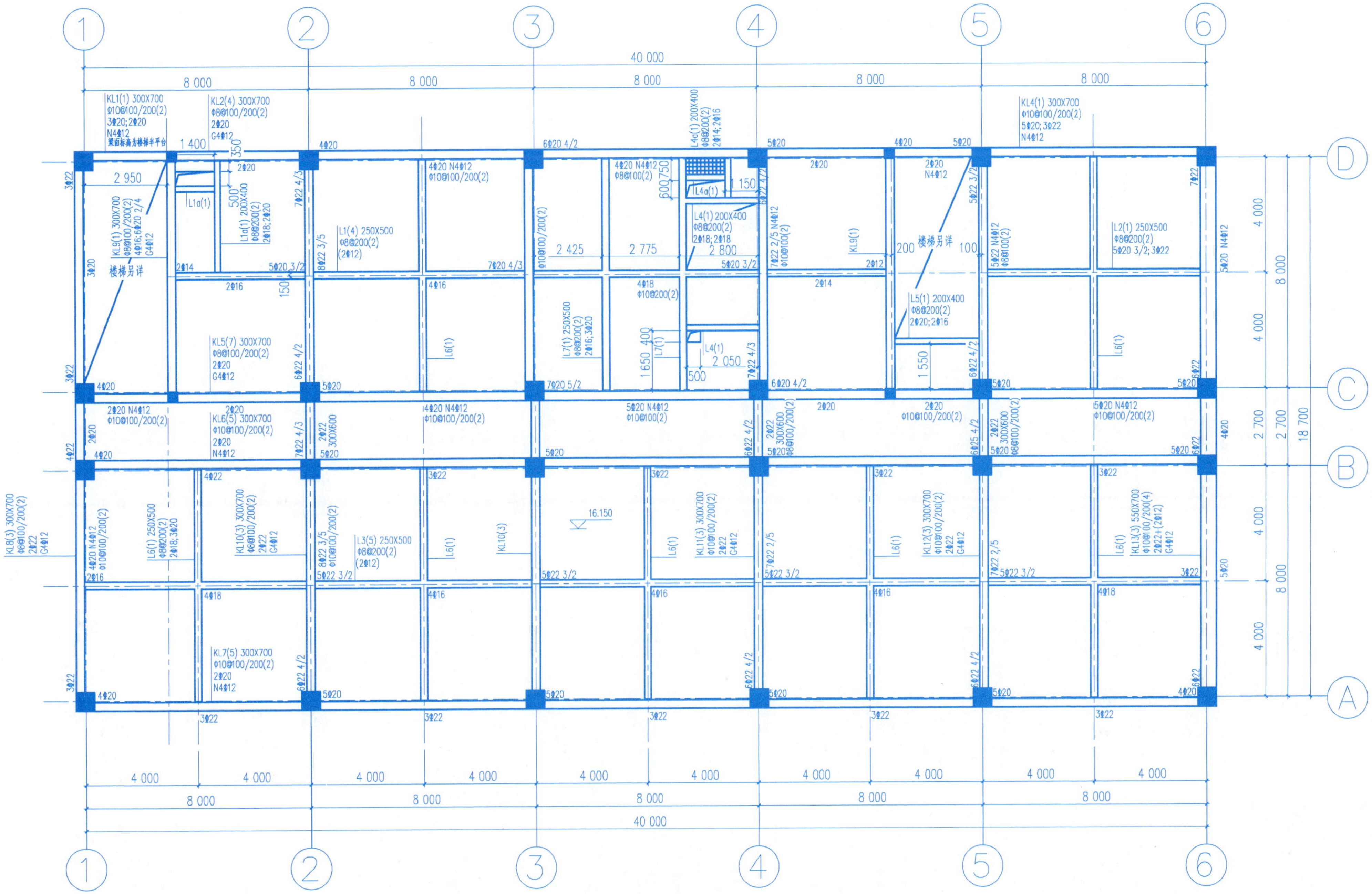

五层梁配筋图　16.150

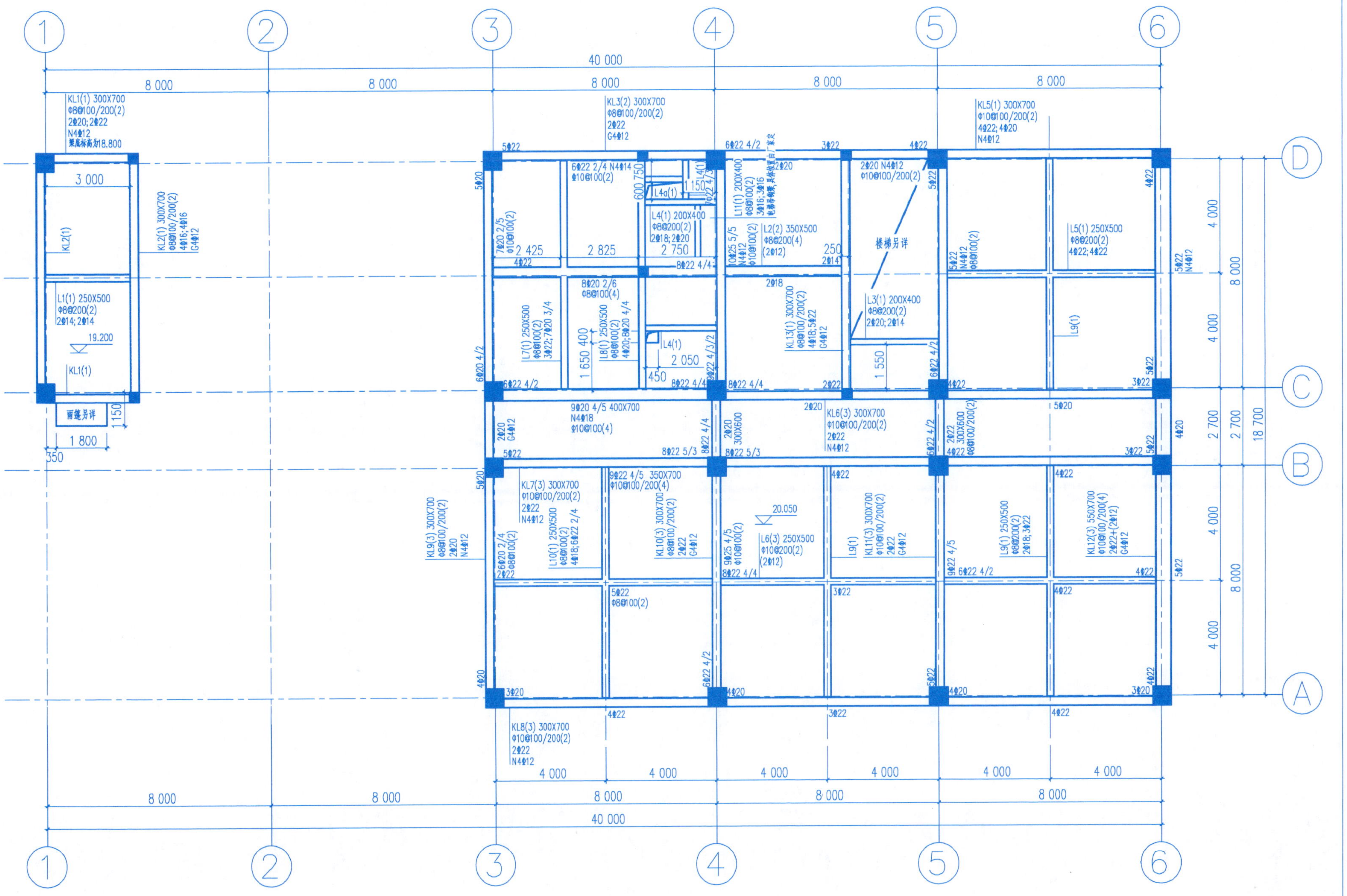

机房层梁配筋图 20.050

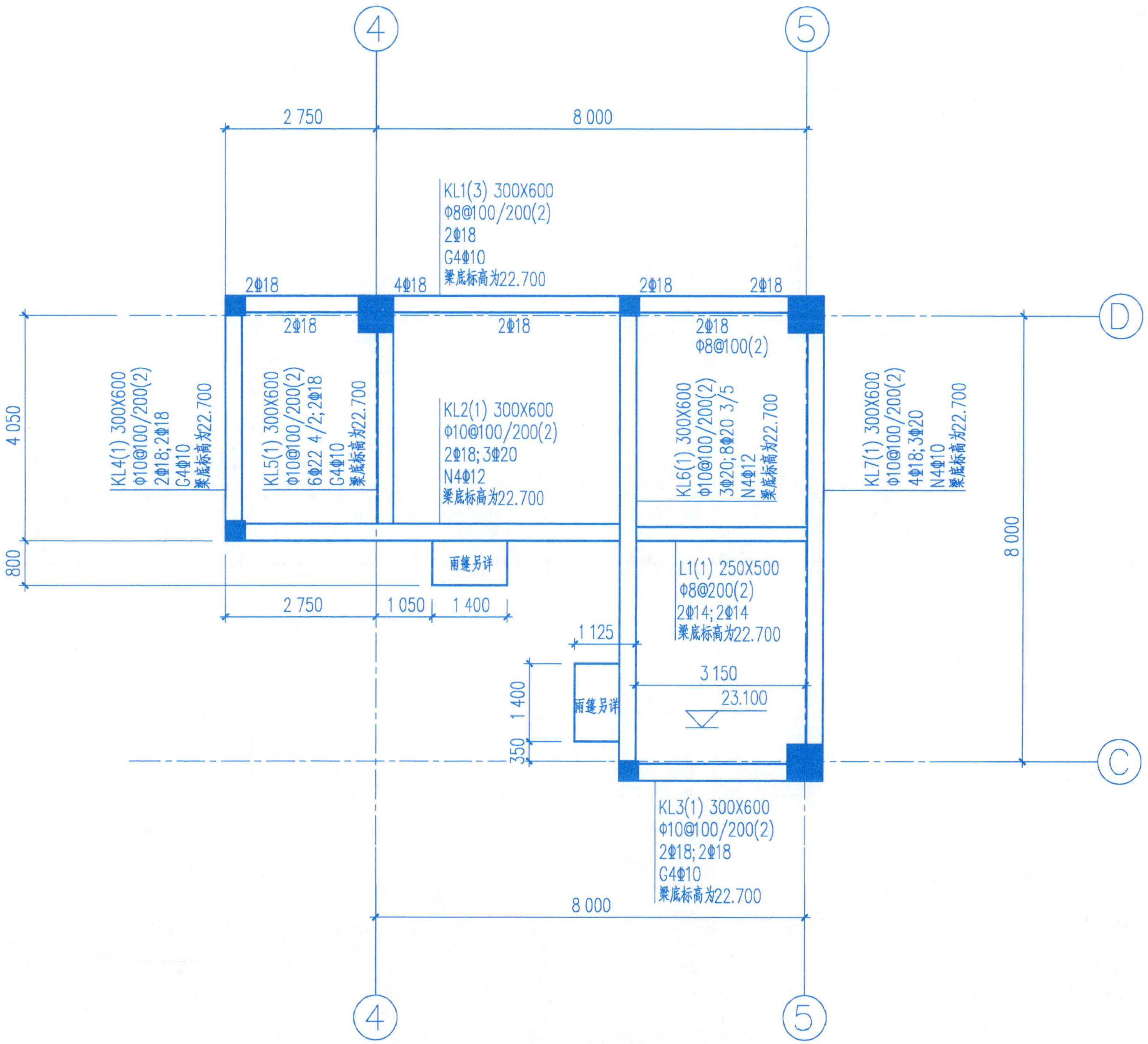

屋顶层梁配筋图 23.100

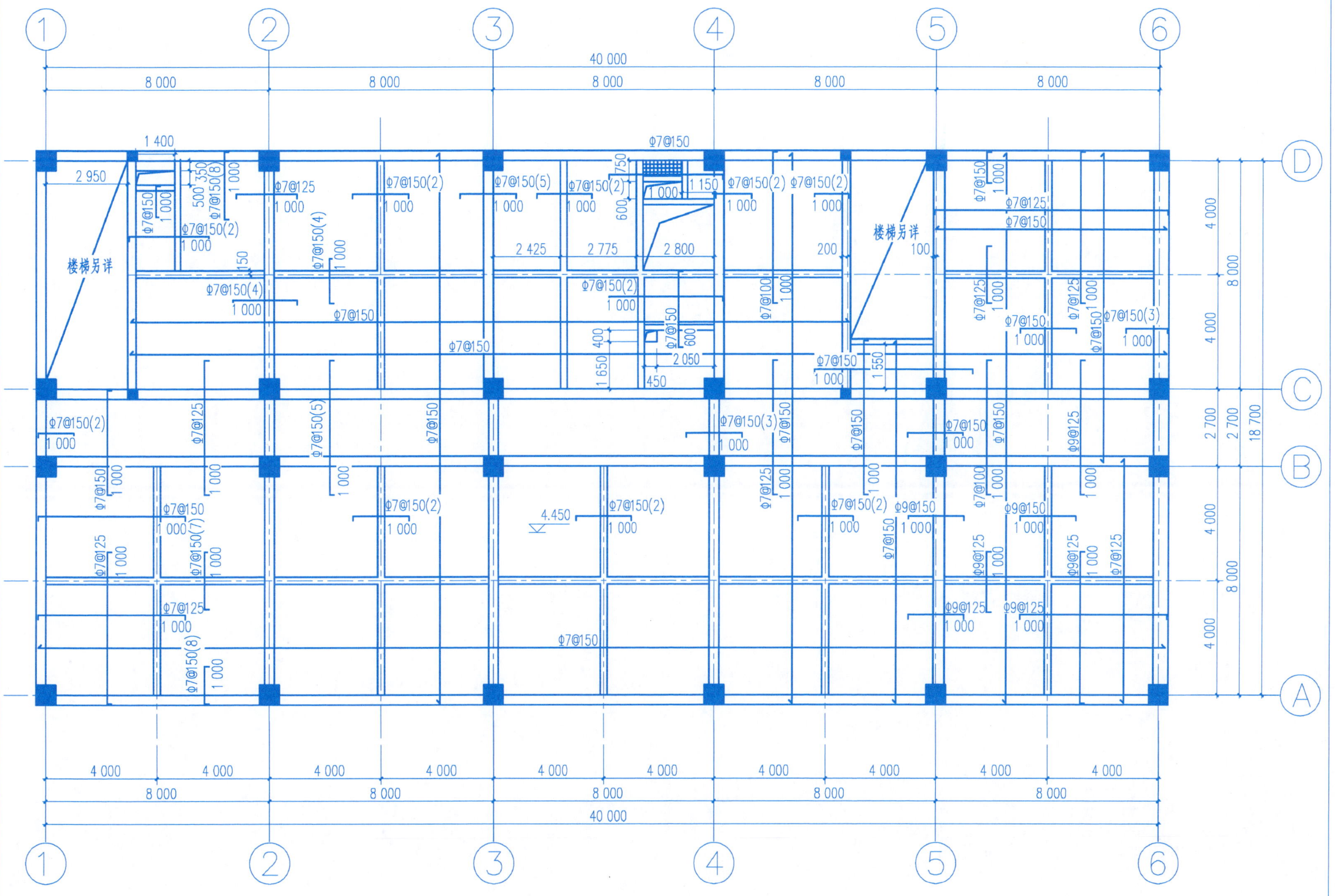

二层板配筋图 4.450

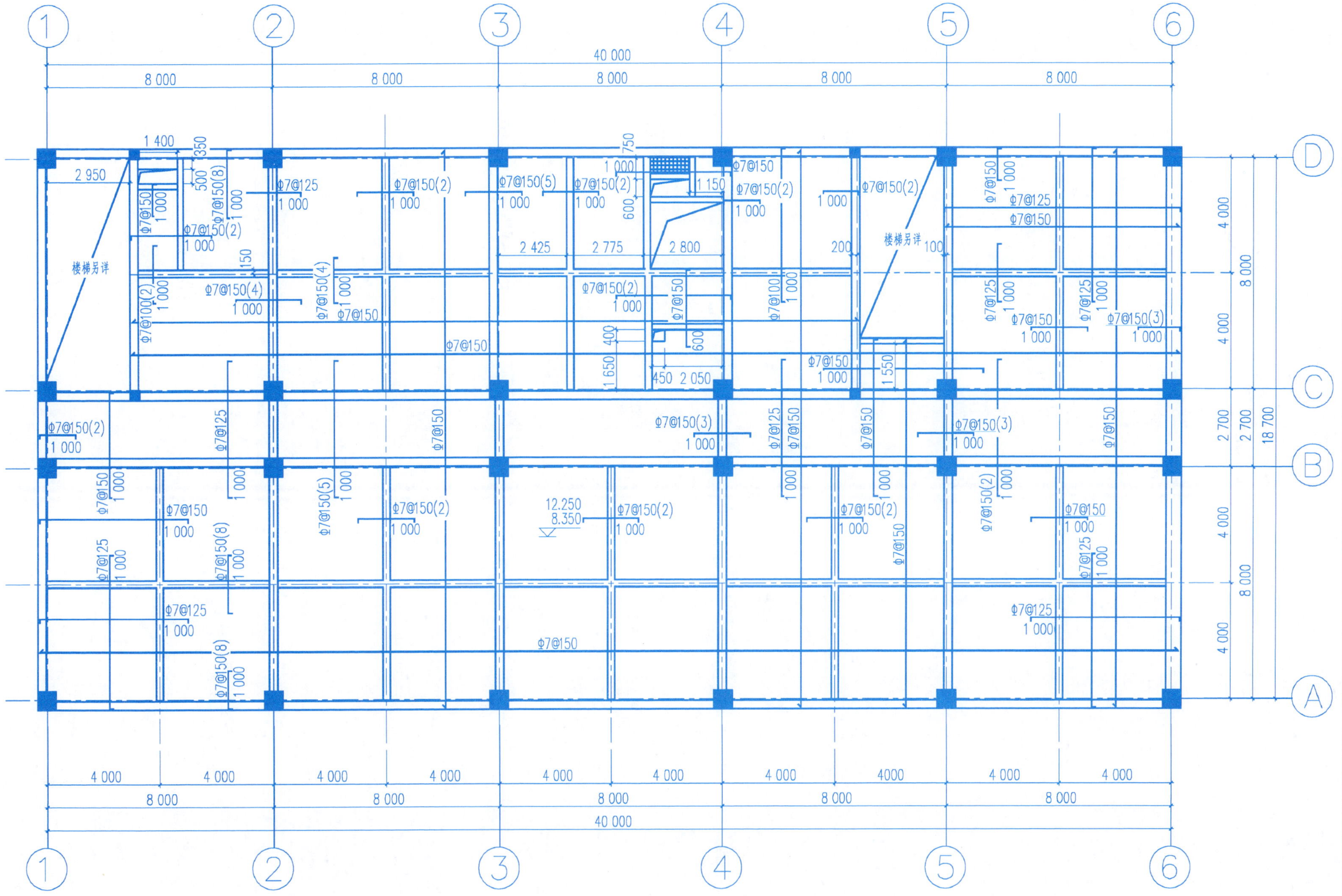

三～四层板配筋图 12.250 8.350

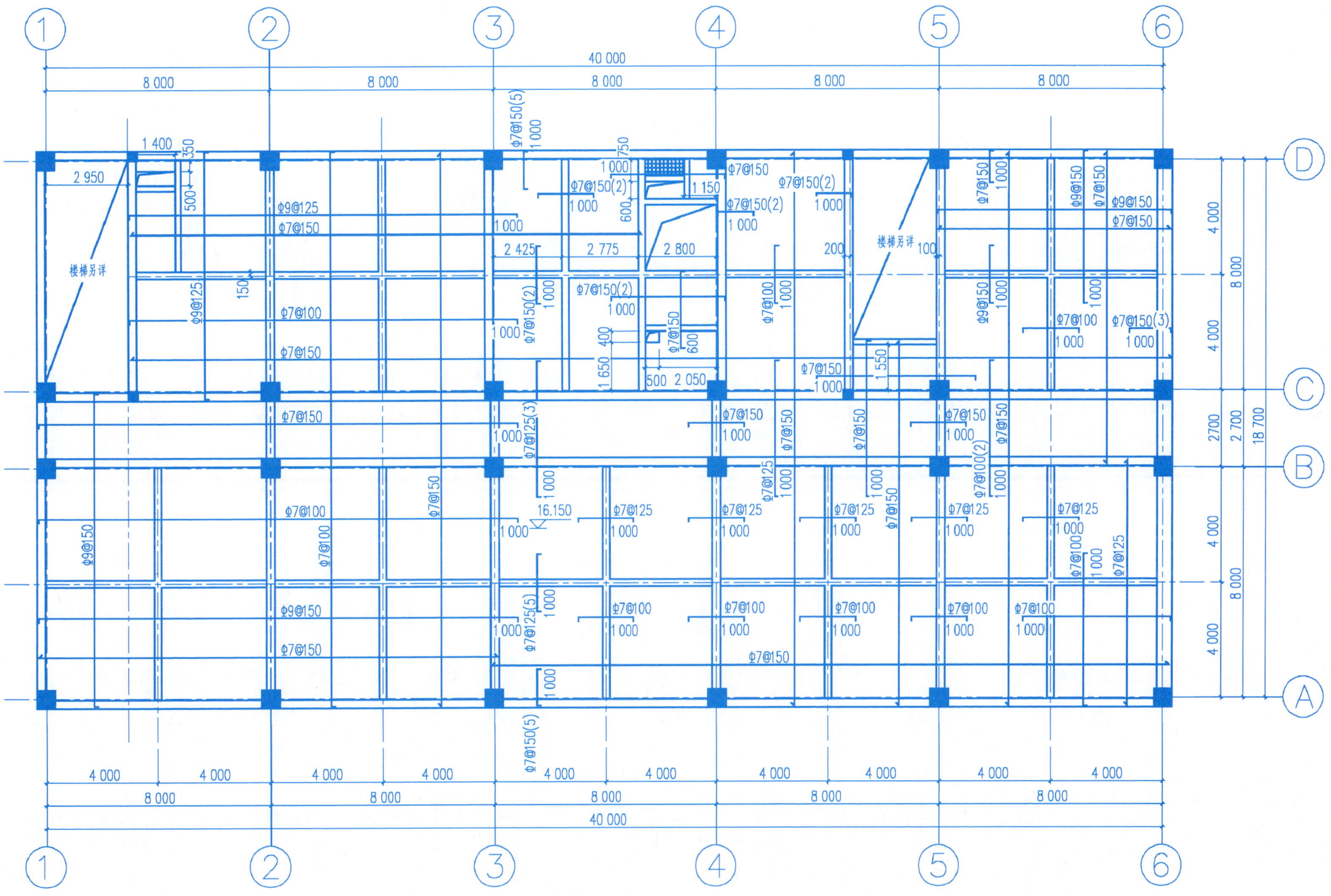

五层板配筋图 16.150

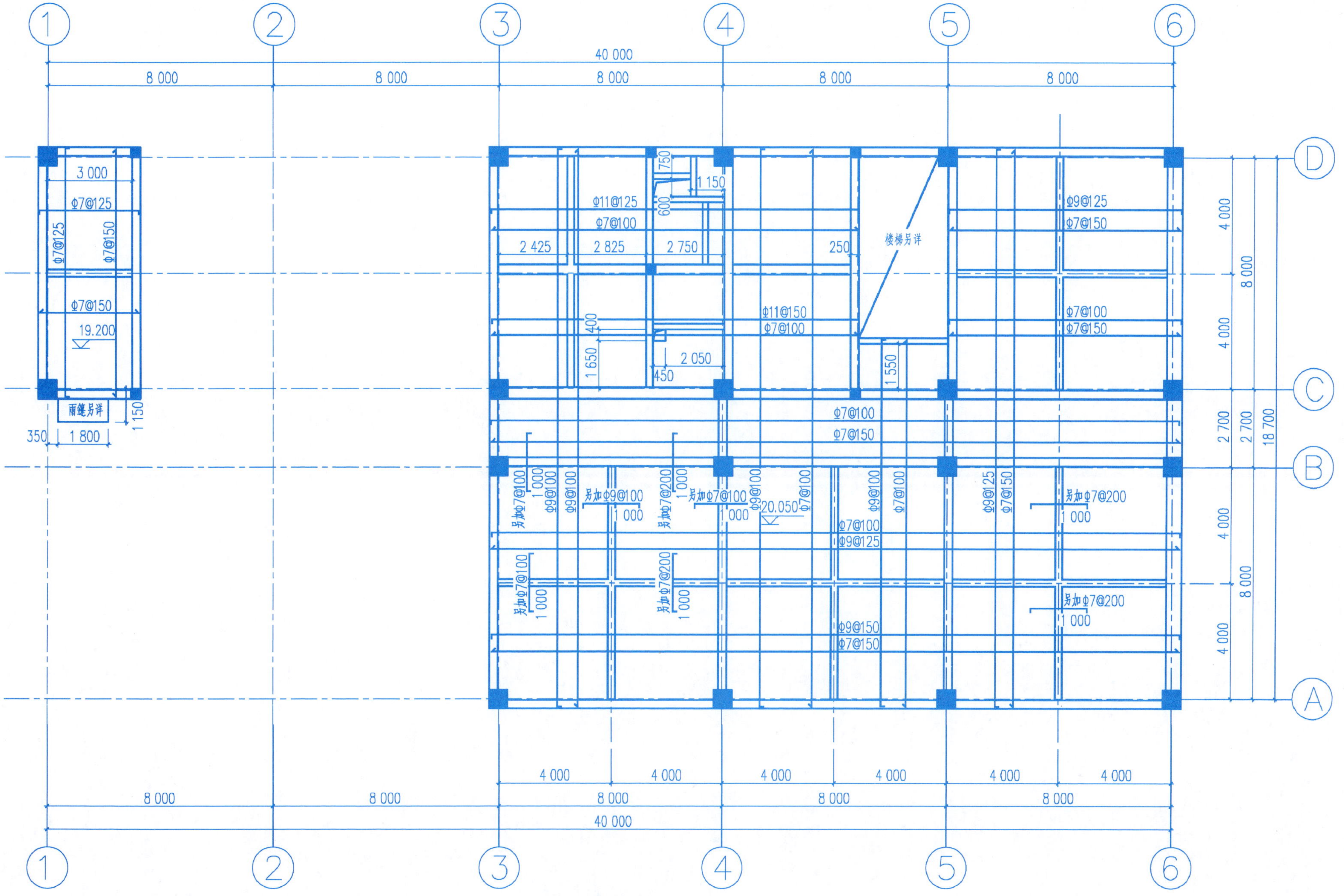

机房层板配筋图 20.050

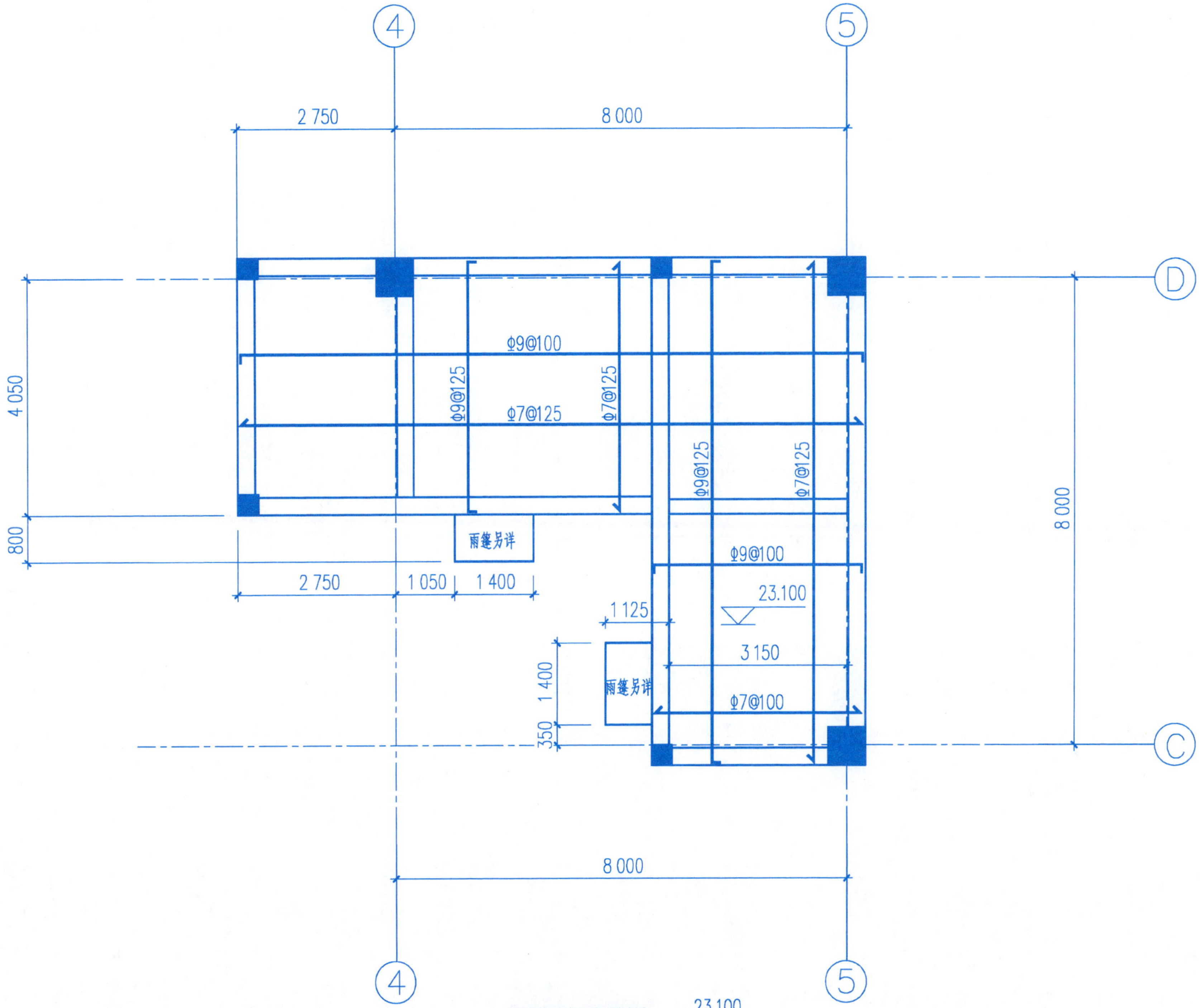

屋顶层板配筋图 23.100